# 跨越学科的智慧

## ——默顿科学社会学思想研究

KUAYUE XUEKE DE ZHIHUI

——MODUN KEXUE SHEHUIXUE SIXIANG YANJIU

王 英 著

安徽大学出版社

图书在版编目(CIP)数据

跨越学科的智慧:默顿科学社会学思想研究/王英著.
—合肥:安徽大学出版社,2007.12
ISBN 978-7-81110-370-0

Ⅰ.跨... Ⅱ.王... Ⅲ.①默顿,R.K.(1910~2003)—
②科学社会学—研究 Ⅳ.G301

中国版本图书馆CIP数据核字(2007)第199491号

跨越学科的智慧
——默顿科学社会学思想研究　王　英　著

| | | | |
|---|---|---|---|
| 出版发行 | 安徽大学出版社<br>(合肥市肥西路3号　邮编230039) | 印　刷 | 合肥现代印务有限公司 |
| | | 开　本 | 880×1230　1/32 |
| 联系电话 | 编辑室 0551-5108498 | 印　张 | 7.875 |
| | 发行部 0551-5107716 | 字　数 | 213千 |
| 电子信箱 | zlqemail@tom.com | 版　次 | 2007年12月第1版 |
| 责任编辑 | 朱丽琴 | 印　次 | 2007年12月第1次印刷 |
| 封面设计 | 孟献辉 | | |

ISBN 978-7-81110-370-0　定价:20.00元

# 目　录

# 导 论

科学社会学是一门年轻的社会学分支，建立于20世纪30年代末。这个时期，正处在人类历史的风云突变之时。历史在战争的硝烟中穿行，社会在民主的呐喊中前进，力量交错此起彼伏，共同塑造了这个时期的社会历史背景。科学社会学就是在这种特殊的社会历史时期发展起来的。一门学科在建构初期往往比较容易受外部因素的影响，虽然这些历史条件并不是科学社会学出现的直接原因。但如果没有战争与社会民主的变化，科学社会学的产生和发展就会缓慢些，科学的社会应用研究会受到限制。此外，科学时代的转变为科学社会学理论的形成奠定了一定的科学背景，以科学技术系统为研究对象的诸学科群的嬗变成为科学社会学形成的理论背景。这些不同的背景为科学社会学的兴起提供了一定的思想和理论渊源，共同促成了学科的快速发展，成为默顿后来建构科学社会学研究纲领的重要理论基础。

# 一、社会历史背景

## 1.历史背景

在人类历史的记忆中，再没有比两次世界大战更大地影响世界历史状况的因素了。战争不仅对社会历史产生重要影响，而且直接地影响科学技术的发展与应用。

20世纪的两次世界大战及其前后的历史足以证明，战争和军事扩张的需要，既是科学技术发展的实际动力，也是导致科学技术乃至社会进展畸形化倾向的不良诱因，并且会付出牺牲社会发展和破坏人类文明的沉重代价。其中“法西斯主义的兴起和第二次世界大战的爆发是20世纪人类历史的一大悲剧”。[①]

第一次世界大战期间，为了取得战争的胜利，各式各样的武器被首次应用于战场。在这个过程中，科学家被各国政府重视，与军事有关的科学研究实现了国家的控制。为了维持战争之需，各国都争相为科学家提供优越的科研条件，保证科研的进行。1938年，美国资源科学委员会在罗斯福总统的赞助下，提出了《研究是国家资源》的报告之后，物理学家布什在另一个报告中写道：“在下一代，技术进步和基本科学发现将是分不开的；而一个借助别的国家供应基本科学知识的国家，在创新的竞赛中将处于极端不利的地位。”此后，国家对科学研究领域的拨款得到了加强。

---

① 徐大同：《现代西方政治思想》，第3页，北京：人民出版社，2003。

第二次世界大战中，美国政府为了赢得战争的胜利，通过了拨款制造原子弹的决议，实施了代号为“曼哈顿工程”的计划。原子弹的发展使政府看到了科学所需要的巨大的政治支持和财政支持。在战争中，科学比以往任何时候都更加显著地证明了它巨大的社会后果。这次战争的一个重要的特征就是大批物理科学家被动员起来，进行生物武器、雷达和激光的研究开发，呈现出“物理学战争”的壮观景象。在科学与民主上，基于法西斯的民粹主义，纳粹分子认为他们本质上不反对科学，但政治必须优先；在发生利益冲突时，科学必须从属于政治。因此，他们提出了一个史无前例的要求——对从事科学研究的人首先进行社会身份确认，只有那些符合要求的人才能从事科学研究。他们甚至杜撰出“雅利安科学”的说法，声称种族是发现真理的能力的决定性因素。在这种思想的影响下，法西斯国家对科学家进行了惨无人道的迫害。“纳粹科学立场的实质是：拒绝接受普遍主义的真理标准”。[①] 他们认为，清除个别科学家或干涉科学的自主性，能够将科学家纳入纳粹党的控制下，这样不仅不会产生任何危害，还可以带来一个更好的科学，通过优等人群的领导为人类提供科学知识。1933年，德国纳粹对科学家进行了大肆迫害，许多世界级的科学家被迫背井离乡流落他国，甚至连爱因斯坦这样伟大的科学家也难逃厄运。大战期间，不少法西斯国家和其盟国的科学家被征军入伍参与战争，在军队中从事与科学研究无关的事务。许多我们熟悉的社会科学家，也参加过各种各样与战争有关的活动。如本书涉及的重要人物库恩、默顿等，库恩就曾作为民间人士响应政府号

---

① J. Ben-David, Scientific Growth: *Essays on the Social Organization and Ethos of Science*, *ed. by Gad Freudenthal*, p533～560, Berkely: University of California Press, 1991.

召到合众国科学研究开发局的实验室工作，[①]这是进行武器研究开发的中心，许多一流的科学家曾集中在这里工作过。

战争促进了科学技术的发展，战争也促进了人们的思考。战争使科学研究及其成果的社会应用成为引人瞩目的社会话题，其中包括科学家的社会责任问题。人们对科学成果的应用决定权究竟应该掌握在谁的手中、科学活动到底应该遵循哪些基本的社会规范等内容，展开了更多的思考。不少经历了战争的科学家后来转向了科学史、科学社会学的研究，这一定与他们战时的深刻体验有关。科学社会学家巴伯曾说："概述一下第二次世界大战以来所发生的事以导致科学社会学作为一门科学专业的兴起和成熟，是再合适不过的事。"[②]

经过战争的洗礼，许多人开始对战争与政治、政治与公民的权利义务关系展开了理论上的探讨。例如，根据默顿提出的观点，科学活动中应该实行一种普遍主义原则。对科学活动的参与主体——科学家来说，这种原则的一个重要内容就是科学研究应该向一切有才华的人敞开，从而保证进入科学研究领域的人都能够有机会从事这项活动，服务于社会和人类。在这个过程中，选择准入者的惟一标准就是职业的选择与评价，而不能把候选人的其他因素考虑在内。但现实是，战争破坏了许多秩序，这一切都遭到了不同程度的践踏。为了恢复科学与社会原本应有的秩序，必须走向醒世良方的寻找之旅。

### 2. 社会背景

第一，社会问题的涌现

---

① ［日］野家启一：《库恩范式》，第 13 页，毕小辉译，石家庄：河北教育出版社，2002。

② ［美］B·巴伯：《科学与社会秩序》，顾昕、郑斌祥等译，第 7 页，北京：三联书店，1991。

虽然两次世界大战对于许多国家来说，是一场空前的劫难。但也有一些国家在战争之中发了财，经济实力得到了迅速膨胀。20 世纪是整个世界由传统社会向现代社会转型的伟大历史时期，也是各种矛盾极为复杂、社会冲突极为激烈的时期，两次世界大战就是这种矛盾冲突的集中表现。由于经济、军事实力不断增强，国与国之间的军事争霸演变为对外实现经济、政治、文化的扩张，政府不断卷入国际争端，社会问题纷纷涌现，日益复杂。

在社会方面，社会动荡和工业化进程加快，社会矛盾越来越多，诸如种族歧视、家庭破裂、贫困人口、失业队伍等矛盾日益突出。这些矛盾纷繁复杂，既反映各种特定群体或阶级的利益矛盾，也反映不同的认识矛盾。迫切要求对社会关系、权力结构、价值观念和思想文化的变化进行研究，社会对政策制定的准确性要求越来越高。政府也感到有责任在国家范围内保障科学研究的正常运行，为了解决社会经济问题，政府和社会开始重视科学政策的作用，重视人文社会科学研究的作用。

20 世纪 40 年代末以后，美国在自然科学领域里取得了一系列突破，从原子弹的发明到计算机的发展，从人工智能的开发到信息技术的进步等等，在许多高科技领域都取得了长足进展。这些发展给人文社会科学研究以启示，使其研究方法、研究手段等发生了一系列革命性的变化，拓宽了人文社会科学的研究领域。

第二，民主与科学问题的增长

民主与科学技术是支撑近代文明的两大基石。二者就其本质来说，都是人类自我意识的一种觉醒。20 世纪中期开始，伴随着现代社会的发展，社会中的民主思想在各个领域都得到了越来越广泛的渗透，包括科学界。

据亨廷顿的描述，[①]西方世界的民主化长波一直到 20 世纪 30 年代左右，部分国家才实现了民主制度的基本框架。虽然各种各样的大众政治组织逐渐兴起，政治、经济、社会领域中的民主不断发展，民主化的浪潮还是进展缓慢。科学的进步直接影响民主的发展方向。科学知识给予了人类改变自然和社会的武器，科学技术使人类越来越认识到自身的力量和价值。人类的力量是同选择的范围和能力紧密相连的。人类每一次实践活动的重大飞跃都表现为选择范围和能力的扩大，因而人类的责任也必然随之而扩大。最早从社会的角度关注科学技术的社会选择责任的是英国科学家贝尔纳。他在《科学的社会功能》序言中开宗明义地指出："过去几年的事态促使人们用批评的眼光对科学在社会中的功能进行审查。"[②]20 世纪上半期，民主与科学技术实践，在战争与科学技术之间的摩擦中徘徊、摸索并行进着。

对科学家来说，民主问题既存在于科学内部，也存在于社会公共生活领域中。科学家虽不直接从事政治活动，因为政治已经职业化了，但民主作为公共事务的价值取向，依然是科学家所关注的。科学家对民主的参与从"直接民主"进入到"间接民主"。其一，对一个社会而言，科学家是社会的一部分，科学家可以对社会体制进行监督与批判，因为社会体制就是一种权力集结，它对权利、自由、公正等价值谱系具有侵犯性，所以，不少科学家在政治上持对立态度。其二，对科学体制来说，科学家是以自己的经验与批判促进体制向科学与民主靠近。因此，无论是对社会还是对科学而言，科学家对民主所应承担的责任都不是外在要求，而是内在和必需的。当社会的民主空间扩大

① [美]亨廷顿：《第三波——20 世纪晚期民主化浪潮》，第 14～15 页，上海：三联书店，1998。

② [英]贝尔纳：《科学的社会功能》，陈体芳译，第 25 页，北京：商务印书馆，1982。

时，科学家必须以自己的知识为前提，以自己的精神来保证履行其民主责任，当科学技术成为社会发展的重要动力后，问题就更突出。

科学精神在社会领域的渗透，使社会生活的民主要求日益显现，需要社会建立一个政治民主的环境。在科学技术的影响下，民主环境的营造变得比任何时候都更加尖锐。因为科学技术的发展，既创造了前所未有的创造力，也创造了前所未有的破坏力，对社会的发展产生了巨大的作用，也带来了控制不了的严重后果。科学技术成就的取得与社会环境之间的关系越来越密切。控制论的创始人维纳指出："技术的发展，对善和恶都带来了无限可能性。"由于科学技术能力的变化，社会之中各种力量的对比已异化为一种物与物的关系，成了支配人类的异己力量。例如，原子弹的研制计划起初是来自于科学内部，来自科学家，特别是许多著名科学家都是来自纳粹政权的欧洲难民。在战前和战后的时间里，不少科学家就像社会运动的成员一样，互相合作，为创造世界奇迹而奋斗。像原子弹这样的奇迹，炸开的不仅是科技之花，也炸开了人们的思想之花，炸开了各种社会关系的初始纽带。如果人们不能变革科学技术所带来的异化的社会关系，不能摆脱对超越社会的权力和利益的追逐，按维纳的预言，它就必然要扼杀科学技术所带来的社会的"善"的可能性的发展，使其成为"恶"的可能性。在这种情况下，社会的民主要求变得重要起来。

20世纪30年代，美国经济出现大萧条，政治、社会发展不稳定，大量的社会问题成为人文社会科学家研究的对象。人文社会科学从多学科角度研究社会问题，对知识的传播和普及起到了重要的作用。经过一段时间的探索，人文社会科学在社会发展中的作用逐渐被社会承认，受政府重视，形成了富有特色的社会科学研究。以社会学为例，"这一时期，社会学家也特别受到政府部门的重视和重用”。[①] 1942 年，默顿发表了关于科学的社会运行规范的论文《论科学与民主》，发表此文的一个重要因素是人们意识到，由于种种原因的推动，科学集团面临的问题正在不断增多和复杂化，迫使政府和社会各界开始反思民主的实现。人文社会科学不仅要研究社会领域的问题，也要研究其它领域的问题。于是，跨学科研究、应用性研究迅速开展起来。这些研究课题在社会领域中也普遍受到公众的青睐，有关资料表明，“二战后，美国人普遍持有一种乐观情绪，相信他们能够建设一个‘伟大的社会’”。[②] 另一个直接促使人们开始对科学进行研究的原因，就是科学时代的变化引起了学者们的关注。虽然社会学在西方已成为一门独立的学科，但科学世界的迅猛变化，人们越来越不满足这种研究状况。在科学家与民主之间出现了一种困境：“出自道义的嫌没有知识，业余的又嫌非专业，专业的则嫌利益化”，对科学的关注成为社会学发展的新宠。各种因素的综合促使默顿提出科学规范的研究，为后来科学社会学的发展奠定了一定的理论基础。科学规范问题的研究，是一个涉及社会民主的问题，而不是哲学问题，解决的目的是为科学的正常运行争取良好的环境，促进整个人类社会的发展。

## 二、科学发展的时代要求

### 1. 科学时代的变化

20 世纪初，科学技术的发展改变着人们对科学技术的看

---

①② 中国社会科学外事局编：《美国人文社会科学现状与发展》，第 138 页、20 页，北京：社会科学文献出版社，2001，

法，科学技术影响着时代的转变。人们把科学技术看作是一种希望，科学家们也“追随我们时代的主要潮流，并把时代的发展、变化和向前的趋势反映到科学之中”。[①] 科学技术的发展，不仅改变了社会历史的进程，改变了人类生活的面貌，也改变了科学技术的形象。

在第一次世界大战期间，与军事有关的科学研究实现了国家的控制。第二次世界大战后，科学经历了由“小科学”向“大科学”时代的转变。在小科学时代，科学的建制在相当大的程度上是追求准确无误的、有独创性的知识。它以增长人类知识为主要目的，以科学家个人的自由研究为主要形式。科学家追求“为科学而科学”。由于小科学所需要的经费、场地、仪器都比较简单，研究者有可能从自己的兴趣出发从事科学工作。科学具有很大的自主性，科学研究成果的独创性成为最高价值目标，科学家并不重视成果的社会效益、经济价值。科学研究目标的选择、行为准则和成果评价等环节在科学共同体内形成，很少受其它外界因素的左右。[②]

科学研究逐渐成为一种社会化程度较高的活动，规模越来越大，发展到国家规模甚至国际协作的规模。特别是第二次世界大战以后，世界各列强之间在工业和军事上的竞争带动了各种科学研究机构的成立，促进了科学政策组织和研究的兴起。大部分政府都将为科学提供巨额资助当作一种义务。陆续出现了由垄断企业建立的大型实验室和由国家资助的实验研究机构。对科学成果的承认开始倾向于社会及其应用，公众对科学的态度开始影响到科学研究的进展，科学的社会支持系统日益完备。

---

① [比]普里高津：《科学对我们是一种希望》，《自然辩证法研究》，1987(2)。

② 王大明：《大科学时代的小科学学》，《自然辩证法研究》，1994(8)。

### 2. 科学价值的重新评价

第二次世界大战颠覆了世界政治格局，也从根本上改变了人们对科学的看法。贝尔纳在为其《科学的社会功能》出版25年的纪念文章中说，在这本著作发表后“随即发生的各种事件，使每个人都有了深刻的认识”。[①] 指的就是这一段时间里人们思想上经历的变化。

科学技术也是一种社会现象。正确评价科学技术的价值和社会价值有利于科学技术的发展。科学的科学观，首先应当正确认识到科学技术的作用及其应用；其次应当认识到科学技术的社会作用，是通过社会大系统发挥和表现出来的。正如爱因斯坦所说，“科学是一种强有力的工具。怎样用它，究竟是给人类带来幸福还是带来灾难，全取决于人自己，而不取决于工具。刀子在人类史上是有用的，但它也能用来杀人”。[②] 如前所述，在历史上，科学技术在军事和战争中的应用，也未必是科学家的本意，而是社会使之然。要限制和克服科学技术可能带来的消极后果，必须通过社会实践。

### 3. 科学研究的体制化推进

近代科学刚刚诞生的时候，很多所谓的科学家其实只是自然哲学家。比如，牛顿的主要著作名为《自然哲学的数学原理》，而不是冠以“物理学的数学原理”，因为“科学家”和“物理学家”等等名词都是在牛顿逝世一个世纪后即19世纪中期产生的。他们从事科学研究的初衷几乎都是由于自己的爱好，科学活动基本上是以个体的业余劳动为主。例如，胡克、笛卡儿、

---

① [英]M·戈德史密斯，A·L·马凯：《科学的科学》，第246页，北京：科学出版社，1985。

② [德]《爱因斯坦文集》，第三卷，第56页，北京：商务印书馆，1979。

莱布尼茨、拉瓦锡等人都是贵族。而刻普勒则是找到贵族的庇护而侍奉宫廷,他曾经说,为了养活天文学这个儿女,作为母亲的占星术必须辛勤地劳作。科学家或为宫廷服务,或在自己建立的实验室内从事研究,做出的科学成果通过书信的方式向别人传达,没有形成一个社会集团。

科学研究开始走向体制化的基本标志是科学学会的建立。科学研究是一种创造性的劳动,促进科学发展的重要因素就是科学思想和科学研究成果的交流。古代的科学技术交流主要是通过口传以及科学家之间的书信往来,或直接交谈,也有一些学者通过聚会进行学术讨论,建立交流学术思想的组织。例如,中国古代齐国的"稷下学宫"、古希腊数学家毕达哥拉斯学派的师生结社等。科学学会开始时主要由对科学有一定兴趣的王公贵族和业余从事科学研究的人组成。早在17世纪中期,英国就成立了"皇家学会",法国成立了"法兰西科学院",但这些组织完全是封闭式的同业行会式的。随着社会和科学的发展,科学逐渐从王公贵族的束缚中脱离出来,成为独立的研究机构,在信息交换和权益保护方面展开了一些积极的活动。科学学会真正得到发展是在近代科学发展之后。进入19世纪后期,各国科学家纷纷在本国范围内组织成立各种自然科学学会,自由、民主地进行学术讨论和交流,传播先进的科学思想,促进了各国科学技术的发展。大学、专业实验室都随着科学的发展而发展起来,学会也按照不同的专业划分得更细。

随着科学作为职业的形成,科学家也成为一种社会职业,科学家活动的场所得到了扩大。从19世纪末到20世纪初,现代科学的体制化过程已经达到了非常发达的状态。很多国家都设有科学学会,大学建立各种科研机构,科学家创办自己的期刊,刊登学术论文,会员可以通过通信以及学术会议的方式进行交流,建立了同行论文的评审制度,对研究成果进行管理。

科学家之间的关系变得复杂起来。要了解科学家之间的关系、认识科学家的社会性行为，了解科学家与社会之间的关系以及科学家行为的社会意义，必须把观察点放在整个科学界的社会结构中，经过一些系统化的分析，从中探讨科学界的全貌，重视科学的社会运行。

随着科学家和科学研究群体的登场，无论是学会还是大学抑或是企业的研究机构，都需要对科学研究活动进行管理，这个过程中势必会出现很多问题，例如，如何维持科学研究的正常运行而不危及科学的民主？科学家在研究过程中，如何从制度上，对科学知识生产行为进行必要的控制？如何对科学的成果进行科学的管理？正是在这样的背景下，引发了默顿对科学中的民主问题的关注。[①] 他对科学技术体制化问题的考察，为他进一步思考科学的社会问题提供了理论上的准备。

## 三、与科学相关的诸学科的发展

科学成为显学以来，针对科学的社会研究的领域一再扩大，建立了多门学科，形成了一个以科学技术系统为研究对象的学科群。第二次世界大战后，伴随着科学的战争功绩成为一个神话，科学这把双刃剑变成了犁铧，以前所未有的魄力为社会开拓出一片新天地，以神奇的辐射力提供给人类无限丰富的想像空间，这个神话把人们的思维和智慧吸引到了对科学的社会意义的思考上。

首先，对科学的历史与哲学反思。

---

① 周学政：《科学与民主——默顿规范提出的社会背景之考察》，《自然辩证法研究》，2004(10)。

对科学现象进行反思的历史，与科学发展的历史一样久远。古希腊时期的先哲们就已经开始了科学史、科学的哲学反思。较早系统地研究科学的现象和规律的学科有两门，一门是哲学，一门是科学技术史。哲学集中研究的是人类获得知识的认识论和方法论问题，后来从哲学角度产生了一门专门研究科学的学科——科学哲学。科学哲学就是对科学方法的基础和科学认识的结构通过概念分析进行哲学考察，给予说明和解释的学问。科学技术史则主要论述的是科学技术发展的历史过程，综合论述科学发展的社会背景，总结它的历史规律。虽说科学哲学和科学史都以科学作为自己的研究对象，二者具有不同的研究目的，遵循不同的研究方法。但是，要全面探索"科学"的形象，探索科学技术的社会形象，仅有一两门学科是远远不够的。

进入 20 世纪后，科学哲学和科学技术史作为独立的学科得到了快速的发展。30 年代以后，特别是第二次世界大战后，科学技术的快速变化影响了与其相关的其它学科的变化。一方面是科学技术领域走向高度分化，一方面是科学技术内部走向高度综合。科学学的产生便是与科学技术综合的趋势密切相联系而产生的新的领域。

其次，科学的科学。

科学学，又称"科学的科学"，它是 20 世纪 40 年代逐步发展起来的一门综合性的边缘学科。科学学将科学作为严格的整体来研究，是一门以科学本身为研究对象的新学科，它探讨科学的社会性质、作用和发展规律，以及科学的体系结构、规划、管理和政策等问题。

1925 年，波兰社会学家兹纳涅茨基的《知识科学的对象与任务》一文中首次出现"科学学"这个词，[①]他还讨论了建立科学

---

① 夏禹龙:《软科学》，第 61 页，上海：知识出版社，1982。

学这门学科的问题。1927 年，波兰逻辑学家 T·科塔尔宾斯基又提出了“科学的科学”这一名称。1935 年，波兰人奥索夫斯基夫妇的《科学的科学》一文，论述了科学学这门学科的研究领域。第二年，该文被译成英文发表，“科学学”的英文“science of science”首次出现，并沿用至今。与波兰的早期科学学研究几乎同时，前苏联学者也进行了这方面的探索。如 1926 年 И·鲍里切夫斯基在列宁格勒的《知识通报》第 12 期上刊登了《科学学是一门精密科学》，论述了科学学的有关问题，并把“对科学的社会作用及其同其他活动领域关系的研究”称为科学社会学，而把“对科学内部本质的研究”称为科学学。

奠定科学学理论基础的是贝尔纳。1939 年，贝尔纳出版了著作《科学的社会功能》。他从科学发展的历史和现状出发，用科学的方法研究科学本身，深入地论述了科学的本质、功能、发展战略和组织管理等问题。书中引用了很多统计资料，对科学自身进行了科学的、社会的、历史的综合性研究，对科学工作与社会、经济的关系作了批判性的考察与研究。该书成为科学学研究的经典作品，被公认为科学学的奠基性著作。贝尔纳后来又出版了《科学与社会》、《历史上的科学》等著作，对科学学的推广和发展做出了重要贡献。第二次世界大战期间科学学的研究一度停顿。到 60 年代，科学学受到各国自然科学家和社会科学家的广泛重视，开始加速发展。1964 年，为纪念贝尔纳的《科学的社会功能》一书面世 25 周年，英、美、匈牙利等国学者出版了一本论文集《科学的科学》。描述了世界科学事业发展的历史转变，论述了科学技术与社会经济的关系及协调发展的趋势，对贝尔纳当年作的一些预言进行检验，并对科学技术的未来进行了展望。1965 年，在第十一届国际科学史大会上，贝尔纳和他的学生马凯联合提交了报告《在通向科学学的道路上》，报告系统地论述了科学学的定义、必要性、产生的初步条件以及科学学的特性等。1976 年,世界上第一本科学学的教科书在英国出版,即《知识的力量——社会的科学范畴》,作者是英国物理学教授齐曼,表明科学学在欧美大学中得到承认,同时不少国家也相继成立了有关科学学的研究机构。

第三,科学的社会研究。

1931 年,物理学家格森在英国伦敦举行的第二届国际科学史大会上,宣读了论文《牛顿力学的社会经济根源》。此文开创了科学史外史研究的先河,并把马克思主义的科学观和唯物辩证法介绍给了西方学者,在国际上产生了积极的影响。[①] 这项工作对默顿也产生了很大的影响,促使他用社会学的方法研究科学的产生与发展。1935 年,默顿完成了他的博士论文《十七世纪英格兰的科学、技术和社会》。论文把科学放到社会、经济和文化的背景中,研究了 17 世纪英国科学的社会结构以及科学家的社会地位等问题,开创了科学社会学的研究领域。

如果笼统地按研究对象来划分的话,可以把研究科学技术系统为对象的诸学科看作一个学科群。但是,这个学科群并不是为"科学"服务的奴隶,无论是科学技术史、科学哲学,还是科学社会学,它们都是同科学保持一种批判性的距离,进行历史性、哲学性评价及社会性分析。在科学社会学创建过程中,哲学、历史、社会学研究为科学社会学的形成奠定了思想渊源;科学哲学、科学技术史、科学学等学科的发展,为科学社会学的产生提供了理论基础。默顿本人对知识社会学的批判和发展(后面我们将进行讨论),则为科学社会学的产生提供了最直接的理论来源。

① 王英等:《从科学学、技术学到科学技术学》,《中国科技论坛》,2005(2)。

# 第一章

# 从知识社会学到科学社会学

在现代社会，再没有比“知识”、“科学”、“科学知识”更吸引人眼球的词汇了。随着人类认识水平的提高，知识与科学逐渐走出各自的狭小圈子，成为许多学科探讨的对象，特别是关于知识与科学的社会研究。知识与科学是两个外延极大的概念，迄今为止尚没有明确的定义，要得出大家都认可的解释是非常不易的。知识与科学的问题产生已久矣。从词义上来说，知识、科学与科学知识都有着许多不同的解释。在许多场合，这几个词的混用现象也令人困惑：“知识”与“科学”常常可以互换，“科学”与“科学知识”有时几乎等同，迷惑难解。只不过知识常混迹于下里巴人中作为阳春白雪似的点缀；而科学则出没于实验室和学校的课堂，人类对知识与科学产生的历史怀有难以割舍的好奇。知识与科学成为许多学科想要予以解答的课题和目标。知识是什么？科学究竟是什么？对这些问题的不断探索，几乎可以同柏拉图以来人们就反复争论的“人是什么？”这类抽象难解的哲学问题相类比。

# 一、知识、科学及其社会学分析

## 1.知识与科学

什么是知识？在什么意义上使用知识？一直以来存在着重大的分歧。[①]“知识”的使用大致可以划分为两类用法：宽泛用法和严格用法。丹尼尔·贝尔认为，“知识包括新的判断（研究和学问）或者对老判断的新提法（课本和教学）”，“知识是对事实或思想的一套有系统的阐述提出合理的判断或者经验性的结果，它通过某种交流手段，以某种系统的方式传播给其他人”。[②]美国哲学家奎因在他的哲学词典《本质》（Quiddities）中写到：“首先，人必须相信它。第二，它必须是真的。知识是真的信仰。”然而这个定义还是不充分，因为证实的根据是不合理的。因此，奎因在结尾处说：“我认为，出于科学和哲学的目的，我们能做得更好的是放弃难缠的知识观念问题，而去处理它的构成成分。”[③]在知识论中，一般把知识定义为“被证明为合理的真信念”。[④]但是，这种证明何以可能却带来了更多的讨论。关于知识的定义及其所引发的争议，表明不同思维方式下认识理性及逻辑推演之间存在的许多矛盾，这是人类认识的进步。

科学的情形又如何呢？在拉丁文中“科学”即是知识的意

---

① [美]贝尔：《后工业社会的来临——对社会预测的一项探索》，北京：商务印书馆，1984。

② 丛杭青：《科学社会研究的两种进路》，《自然辩证法通讯》，2004(2)。

③ W. V. Quine, Quiddities, p108～109, Harvard University Press, 1987.

④ Robert Audi, Epistemology: A Contemporary Introduction to The Theory of Knowledge, p214, Routledge, London, 1998.

思，科学是一种知识体系。严格意义上的科学指的是近代科技革命实践的产物。16、17世纪以来，科学技术迅猛发展，相对独立的科学系统逐渐形成。自然科学诞生以来的几百年间，人们不断讨论“科学”到底是什么？可对这个问题的答案却极不统一。除了肯定科学是知识之外，更重要的是要研究科学与一般性知识的区别，把握科学的特点。在科学的社会学研究中，有科学的“知识说”、“社会活动说”、“社会体制说”、“认识现象说”、“社会建构说”、“社会现象说”和“生产力说”等等，不一而论。培根早在17世纪就指出：“知识就是力量”，人们真正认识到这个问题的涵义，是在英国的产业革命以后。科学是每个时代科学家所发现的理论，它以其历史性展现其作用。科学史家丹皮尔则认为：科学是“关于自然现象的有条理的知识，可以说是对于表达自然现象的各种概念之间的关系的理性研究”。[①]这些关于科学的定义都是很出色的。《中国大百科全书·哲学卷》对“科学”的说明是“以范畴、定理、定律形式反映现实世界多种现象的本质和运动规律的知识体系”。这个定义并没有什么逻辑错误，但又大又空。

正像文化与文明是很宽的概念一样，知识与科学也是定义很多的概念，任何一个定义都显得太贫乏了，无法囊括尽知识与科学的丰富含义。不同的学者会侧重知识与科学的不同侧面去描述。例如，即便是著名的科学哲学家库恩，据说在某次讲演会上，当被一听众问到“什么是科学”时，也无法给出一个准确的答案。只是边想边说：“物理学是科学，化学到18世纪末才成为科学，心理学则是19世纪末才力图成为科学……”可见，回答“科学是什么”要比回答“什么是科学”难得多，因为后者只要回答出具体的事例并举出其外延就可以了。

---

① ［英］丹皮尔：《科学史》，李珩等译，第8页，桂林：广西师范大学出版社，2001。

现代社会中，科学技术是社会发展中变化最快的。客观地说，科学具有多种形象，是一种多面体。它是一种系统化的真理性知识；是人类驾驭自然的一种力量或一种工具；是人类一种典型的发达的和高级的认识活动；也是一种先进的和完善的社会体制。因此，对知识、科学与社会问题的寻解，首先要承认它们是历史的产物，随着人类认识的发展，将来还会有更多的思想被提出来。

### 2. 从知识社会学到科学社会学

关于知识与科学、科学知识的社会学分析，最初只是科学和科学家的事情，在后来的发展中，先是科学史家的涉足，科学哲学家的探索，后来社会学家也纷纷参与，形成了语境复杂、语义多样的知识与科学的社会研究。

社会学从针对知识、科学、科学知识三者的简单的语义分析，在学科发展过程中分别形成了知识社会学、科学社会学、科学知识社会学，这三个学科都声称是对对方的批判与发展的结果。这使原本就歧义丛生的知识、科学、科学知识概念，在研究内容上、研究对象上走向交叉、重叠，甚至更加复杂的状态。在充满歧义含糊的研究范畴中，很难维持研究原则的同一性，所产生的结果必然是在社会学层面上迂回曲折，要么不断回归，要么不断发展。其中，科学社会学最直接的理论渊源是知识社会学。

(1)研究对象、研究内容的交叉与重叠

社会学从诞生之日起，就以整个社会作为它的研究对象，它利用科学的方法，致力于探究人类社会的规律，获得对人类生活中各种现象的客观认识。社会学的研究目的是了解人类的社会行为。随着人类经验与知识的增多，宗教、民族、家庭、政治、经济、工业、农业等现象，都成为社会学家专门研究的对象，这些研究成果逐渐形成了社会学中的各个分支学科，重点说明社会生活、社会现象的某一方面，使人类对自己所处的社会有了更加深入的了解。随着社会和科学技术的发展，社会学的分析对象也越来越深化和细化，产生了许多新的社会学分支学科。社会学分析是多层次、多向度研究，研究者对社会现象的理解，是在特定的社会历史情景中得出，又在社会现象的发展中不断变化的。

知识社会学是社会学的一个重要分支学科。知识研究是从文化的土壤中成长起来的。从社会学角度看，社会学对知识问题的研究和解释已经有相当长的历史。知识社会学的出发点是把知识当作一种精神现象、认识活动、思想方式来研究，它把精神活动及其成果归结为某种社会因素的影响。最早将社会发展的阶段与知识发展的阶段对应起来加以考察，开辟了知识与社会之关系研究先河的是社会学家孔德。知识是不断变化的领域，在这个领域中，人类思想的主观能动性不断得到扩展，社会学正是要试图寻找各种知识背后的深层原因。

科学社会学是从社会学角度研究科学的学科，是社会学领域中的年轻分支，科学社会学的创立者是默顿。由于科学这种现象较晚于其它许多社会现象，而且具有较大的特殊性，直到20世纪30年代以后，才缓慢发展起来。要对科学现象进行解释，必须从科学现象入手，经过历史的描述，最后找出内在的原因。关于这个学科的研究范围以及对象，理解并不一致，形成了不同的研究路线、研究传统。在研究传统方面，我们一般将其分为广义科学社会学与狭义科学社会学，代表人物分别是贝尔纳与默顿，他们分别创建了科学的社会研究中的贝尔纳传统与默顿传统。这两个研究传统为促进科学社会学的发展做出了重要的贡献，一般认为，二者互为补充，缺一不可。

科学知识社会学是20世纪70年代后，经过社会学和知识社会学的探讨以及反思科学社会学的发展出现的新学科。科学哲学中相对主义的建构主义为其提供了适合发展的背景，反科学主义思潮和经验自然科学家、科学史家、科学哲学家大量进入科学的社会研究队伍而得到了加强。特别是库恩的历史一相对主义思想为科学知识的社会学研究打开了哲学上的缺口。科学知识社会学的研究者是英国的爱丁堡学派的学者们。布鲁尔是科学知识社会学的重要代表人物，他在《知识及其社会意象》中指出："所有知识——无论是经验科学方面的知识，还是数学方面的知识——都当作需要调查研究的材料来对待……无论科学知识本身的绝对特征或者超验特征，还是合理性、有效性、真理，抑或客观性所特有的特征，都不具有任何局限。"①科学知识社会学进行了很多案例研究，但是研究结果表明，科学内容与社会存在诸方面并不存在任何系统的联系。

科学与知识是人们从事科学劳动的基本产品，表现出人类对自然界在某一历史时期所达到的认识深度与广度。从总体上来说，知识社会学、科学社会学、科学知识社会学在理论渊源、研究内容、研究对象等方面只不过是一种关于知识的社会哲学或者是科学哲学社会学倾向的研究。这种状态说明，作为一个学科，它们都还是不成熟的或者是早熟的。我国学者刘珺珺阐述过她对知识社会学的看法，她认为："知识社会学的发展只能达到这种状态和水平。因为，社会条件还不成熟：当时还没有一种充分发展的知识部门，足以使社会学家进行具体的经验研究；也没有形成一种新的研究角度，保证社会学家彻底摆脱思辨的方法。为了出现一种以某一知识（科学）部门为专门对象的社会学，历史还要等待。"②郭强则认为，随着"知识经济的兴起与发展，知识社会化与社会知识化水平的提高，知识时

---

① ［英］布鲁尔：《知识和社会意象》，艾彦译，第1页，北京：东方出版社，2001。

② 刘珺珺：《科学与社会》，第230页，北京：科学出版社，1988。

代的到来都为知识社会学的复兴与发展提供了前所未有的机遇”。“我把这种新的统一的知识社会学称之为现代知识社会学”。①

(2)社会学方法的胜出

从前面的论述可见，对知识与科学、科学知识的社会学分析不仅在研究内容上依赖于社会学，而且也将研究途径上升到一种方法的高度，作为学术研究的替代。在文化研究中，知识与科学并不是像链条一样简单地联结在一起，而是像机器的各个部分一样结合在一起。当研究内容变动了，研究方法也会受影响，尽管这种影响可能是很微弱的。正如吉布斯所认为的“获得知识与技能，以新的方法重新组合并使之转化，正成为专门的功能”。②

1945 年，默顿根据当时知识社会学的研究状况分析，指出了知识社会学的局限性，特别是其研究范围上的缺陷。默顿指出：以往的知识社会学侧重利益与经验在知识形成过程中的作用，“把暂时性假说与无可置疑的教条相混淆，标志着它的早期阶段的十足的思辨见识现在正受到日益严格的检验”。③ 也就是说，知识社会学研究方法由于受到社会学经验研究方法的影响，基本上是以思辨为主，具有思辨的哲学特点。科学社会学对科学本质的解释则是实证主义的解释模式。科学知识社会学的研究方法从整体上看是反实证的。例如，巴恩斯从解释学维度积极构建的“利益模型”，认为科学知识应置于社会学研究之下，服从社会学的因果分析。

---

① 郭强：《现代知识社会学》，第 15 页，北京：中国社会出版社，2000。

② M. Gibbons，The New Production of Knowledge：The Dynamics of Science and Research in Contemporary Societies. London：Sage，1994.

③ [美]默顿：《科学社会学》，鲁旭东、林聚任译，第 54 页，北京：商务印书馆，2003。

到目前为止，无论是在知识社会学、科学社会学还是在科学知识社会学中，社会学分析方法仍处在建构当中，但在三个主要问题上，已经形成了比较清晰、统一的表述。第一，知识、科学与科学知识的本质在研究中逐步走向明确；其次，社会学提供的解释方法正在被人们接受；再次，知识社会学、科学社会学、科学知识社会学理论在科学认识、社会认识中扮演了重要的角色，起了重要的作用。

### 3. 社会认识的发展

在人类历史上，知识与科学都发挥了重大的社会作用。自从知识进入人们的社会生活，便对社会的发展产生了深远的影响，对人类的认识产生了重大的影响。默顿认为，"像其他科学家和学者间的作用模式一样，社会学家之间的互动模式，将会影响这个学科变化着的特征，这一点在知识的文化积累中常常会明显地表现出来"。①

社会对知识领域的认识经历了一个快速的运演过程。研究对象涉及许多方面，"道德信仰、意识形态、观念、思想范畴、哲学、宗教、社会规范、实证科学、技术等等"。②不同的知识社会学家对知识问题有不同的看法。例如，舍勒提出了"文化知识社会学"，他认为，"全部思想、知识、知觉和认识的全部形式具有社会学的特性"。在认识中，知识是从一定的前提出发，通过相应的推理方式而获得的，理性的理解是必须的。由于"知识"的范围比"科学"、"科学知识"的范围更广，在知识社会学走向衰微后，后来创建的科学社会学、科学知识社会学必然是针对专门领域的关注。科学社会学家默顿的研究工作就是很好的例证。他借助社会学方法论，研究视域跨越知识社会学与科学

①② [美]默顿：《科学社会学》，鲁旭东、林聚任译，第65页、14页，北京：商务印书馆，2003。

社会学两个领域，在研究过程中“一直都在设法使这两个领域之间保持明确的、且在分析上很有用的区别和联系”。[①]

科学社会学虽然以科学为对象，却偏重于研究自然科学和工程技术，对社会科学和思维科学涉猎较少。它作为一门具体的社会科学，很难适应科学综合化与整体性发展的新趋势。科学社会学学者约瑟夫·本—戴维认为，知识社会学的研究在社会学之外发展，而科学社会学的发展则成为不讨论科学知识本身的社会学。有人认为这种状况是社会学的进步和发展，有益于社会学的成长。但是也有人认为知识社会学、科学社会学、科学知识社会学这些学科的发展模式在社会的和认知的维度上都是狭窄的和片面的，是没有前途的。因为它们最终都没有像自然科学那样涉及知识与科学的具体内容，涉及科学政策的问题，只不过是对知识的表现形式、各个科学职业、科学知识的起源的探源罢了。

后经验主义者劳丹从认知的角度，把知识社会学划分为两类：认知知识社会学与非认知知识社会学。科学知识社会学可以看作是认知知识社会学，它主要研究某些社会结构对某个特定理论及概念形成过程的影响；科学社会学是非认知知识社会学，它主要研究科学共同体的组织形式与内部结构。劳丹对科学社会学的研究对象和解释范围是没有异议的。但对科学知识社会学的某些争议是有异议的。劳丹认为某些信念是由理性牢固确立起来的，而不是由社会所决定的。他认为以科学概念和理论内容为解释对象的社会学其发展前景是有限的，因为科学信念本质上不受社会影响，因而也不接受社会学解释。[②]

齐硕姆认为，“我们对知识本性的反思，引起一系列难以解答的哲学问题。这些问题构成了知识论或认识论的主题。这

---

① ［美］默顿：《科学社会学》，鲁旭东、林聚任译，第1页，北京：商务印书馆，2003。

② 郭强：《现代知识社会学》，第13页，北京：中国社会出版社，2000。

些问题的绝大部分，古希腊人就已经讨论过，但是，如何解决或处理这些问题，至今仍说法不一”。[①] 如果我们把知识与科学作为思想认识之结果来考察，知识的可靠性就成为知识论的一个焦点，科学的社会功能以及科学知识的可认识性，都是围绕科学论理论进行的。正是对知识可靠性的寻求，对科学的哲学的研究，才能运用多门学科的知识与方法，通过历史的考察，根据不同的分析思路，多层次研究其性质、作用以及其发展规律。

回顾知识与科学的社会认识历史，我们不难发现，人们思想上的每一次认识的提高，都是与我们对世界的认识方法相关联的。人类作为认识的主体，是在不断跨越主体与客体之间的认识论鸿沟，在方法预设与经验事实的不断靠近中获取关于外部世界的真实的知识。正如恩格斯所说："我们只能在我们时代的条件下进行认识，而且这些条件达到什么程度，我们便认识到什么程度。"[②]

## 二、默顿对知识社会学的批判性发掘

富有"社会学先生"之称的默顿在社会学领域成就显著，他的研究兴趣十分广泛。在多年的学术生涯中，他一直辛勤耕耘在探索知识及其生产的关系、科学中的社会学分析等研究领域，思考痕迹涉及社会学、知识社会学、科学社会学、科学知识社会学等众多学科。

一直以来，默顿被强化为科学社会学的创始人，忽视了其首先是一位知识社会学家的形象。本节将对其知识社会学思

① [美]齐硕姆：《知识论》，邹唯远、邹晓蕾译，第1页，北京：三联书店，1988。

② 恩格斯：《自然辩证法》，第118页，北京：人民出版社，1984。

想的主要内容进行探讨，旨在说明默顿对知识社会学的批判性发掘在知识社会学中占有重要的地位。

### 1. 默顿对知识社会学的研究

知识社会学作为社会学的一个分支学科，是从社会学理论中演化出来的，其思想来源是哲学。从 19 世纪初期开始，甚至更早的时候，许多哲学家、社会学家的理论就已成为知识社会学思想宝库中的重要内容。如狄尔泰、孔德、马克思、迪尔凯姆、韦伯等等。舍勒和曼海姆是知识社会学概念的正式提出者，创建了较为系统的知识社会学理论。

(1)默顿对知识社会学的总结

1945 年，默顿发表了《知识社会学范式》，这篇论文是默顿知识社会学思想的理论总结。默顿在文中列举了知识社会学的一些研究命题。比如知识生产的存在基础、人们如何对知识生产进行社会学分析、知识生产与存在基础的关系等。同时也对当时知识社会学在美国得到发展的社会基础进行了回顾，归纳了知识社会学的研究范式，分析了知识社会学发展的未来走向。与此同时，在知识社会学领域，默顿先后发表了《兹纳尼茨基的知识分子的社会角色》(1941)、《政策研究的方法维度和道德维度》(1949)、《关于社会学研究方式的社会冲突》(1961)、《索罗金的科学社会学观点》(1963)、《科学的社会与文化环境》(1970)、《局内人和局外人的视角》(1972)等系列研究论文。这些论文反映了默顿对知识社会学的持续的兴趣，蕴含着深刻的知识社会学思想。默顿对知识社会学研究内容、发展方向的深层思考与系统分析，既是对知识社会学的现代推进，也是他创建科学社会学理论的思想起点。

默顿知识社会学思想的重要内容可概括为以下几个方面：

第一，知识的分类。

知识社会学家对知识的看法是受其知识观决定的。默顿认为，知识社会学者对知识分类的多样化划分，是建立在不同的社会学基础之上的。他依据不同学者的著述，分别对马克思和恩格斯、曼海姆、舍勒、迪尔凯姆、格拉内、索罗金等人的知识类型进行了不同程度的分析。但只对其中个别类型的划分方式表达了他的个人看法。笔者认为，知识社会学在现代意义上的衰微，很大程度上是其研究者思维中形态各异的知识类型所造成的。“知识的形式多种多样”。[①] 默顿委婉地形容过这种“知识”的歧义局面，它是导致知识社会学研究长期没有突破的重要因素。

马克思和恩格斯关于知识类型的划分，“明确地将自然科学与其他意识形态区别开来”，把知识划分为自然科学与社会科学两大类型。马克思主义者认为：“自然科学与经济基础的关系，不同于其他知识领域和信仰领域与经济基础的关系。”[②] 默顿一向对马克思的理论给予了很高的评价。“马克思是超越国界的人物。许多社会学家都称他的影响就像是一位祖先的影响，而这些人又确实都可以说：我们都不是马克思主义者。”[③]

舍勒的知识类型学说是基于其对世界观的体察和分析基础之上的。舍勒认为知识的划分问题具有十分重要的意义。他试图从现象学的角度把握“知识”的性质，认为它是人的一种生存方式。他首先将人类知识区分为三大类：①统治——事功型知识；②本质——教养型知识；③获救型知识。舍勒对知识的分类显得过分哲学化。遵循知识社会学的观点，他根据人类

---

① [英]齐曼：《真科学——它是什么，它指什么》，曾国屏等译，第6页，上海科学技术出版社，2002。

② [美]默顿：《科学社会学》，鲁旭东、林聚任译，第27页，北京：商务印书馆，2003。

③ [美]默顿：《科学社会学散忆》，鲁旭东译，第16页，北京：商务印书馆，2004。

历史与社会事实,提出了更为具体的六个类型:①神学知识,②哲学知识,③个人、他人与集体知识,④外在世界知识,⑤技术知识,⑥科学知识。舍勒指出,不同类型的知识是与特定形式的群体结合在一起的。他特别声明,知识社会学的主要对象应该是上述第三类型与第五类型的知识。他的知识类型论"提供了一个恰切的知识社会学原则,有助于到位地审理个体信念与社会制度的正当论证及知识类型的关系究竟是怎样的"。[①]

迪尔凯姆的知识类型则比较含糊。迪尔凯姆认为:"真正的人类思想并不是某种原始的事实;它是历史的产物。"[②]迪尔凯姆"把社会学研究扩展到思想范畴的社会起源",[③]默顿认为,他把他的假说建立在三种类型的假设性证据的基础之上。如果说在把概念系统的变化与社会组织的变化联系起来方面,迪尔凯姆是一个先驱的话,那么,在确定范畴的社会根源方面他并不成功。

第二,知识生产的存在基础。

默顿认为这是社会学的中心命题。对存在基础的论述仅仅是一种形式上的共识,一旦涉及存在基础的本质时,各种理论的本质诉求便显示出多样化。"存在对知识的影响相对于知识的认识论地位的意义这个持续多年的问题,从一开始就引起了热烈的争论"。[④]默顿分析了马克思、舍勒、曼海姆、迪尔凯姆、索罗金等不同理论家的观点。其中,默顿认为,"马克思主义是知识社会学的风暴中心"。

马克思为知识社会学给出了一条基本原理,他认为所有知识都是由社会决定的。按照默顿对马克思和恩格斯著作的解读,"他们始终如一地坚持'生产关系'构成概念的上层建筑的

---

① 郭强:《现代知识社会学》,第17页,北京:中国社会出版社,2000。

②③④ [美]默顿:《科学社会学》,第33页、32页、15页,鲁旭东、林聚任译,北京:商务印书馆,2003。

'真实基础'这一命题"。"物质生活的生产方式制约着整个社会生活、政治生活和精神生活的过程。不是人们的意识决定人们的存在，相反，是人们的社会存在决定人们的意识。"[①]为了更好地寻求原理的社会学基础，马克思把阶级因素引入问题的分析中。认为阶级是首要的决定因素。也就是在这个问题上，默顿认为他找到了马克思社会存在理论的"空隙"：为什么有些人认同他自身的阶级，而有些人不认同，采用了与"他们自身"不同的非某个阶级的预想？这种"用对事实的经验描述代替对它的理论解释是很不适当的"。学术争论允许个人对他者的思想存在不同的解读。客观地说，马克思直逼社会存在基础根源的理论，无疑是具有开拓性的。马克思认为，即使是自然科学知识也是由社会目标所决定的。他认为，经济基础决定上层建筑、决定那些有社会影响的思想的活动范围，自然科学被排除在上层建筑之外。对于特定阶级，代表其利益思想的出现，经济条件是必要的。恩格斯也认为，在特定条件下，自然科学知识也要借助于社会及历史因素来解释。这些思想丰富和发展了知识社会学理论。

在知识生产的存在基础这个问题上，舍勒则提出了自己的假说。他将社会存在分为"理想因素"与"现实因素"，并认为这两者之间是支配关系，存在的事实并不"产生"或"决定"思想的内容，它们仅仅解释思想的可能性与现实性之间的差异。"现实因素"支配着"理想因素"出现的条件，却不能影响后者的内容。换句话说，社会可以决定思想的存在，却不能决定它的本质。

第三，知识社会学的研究范式。

从某种意义上说，默顿对早期知识社会学范式的清算可谓

---

① ［美］默顿：《科学社会学》，第16页，鲁旭东、林聚任译，北京：商务印书馆，2003。

巧夺天工。他认为,知识社会学领域中的种种研究基本上是杂乱无章的。如知识分类的巨大差异、理论家的不同阐述、范畴体系的决定因素的差异、概念的急剧增加、分析方法的多样性等。仅就知识与社会存在的关系问题,默顿通过分析总结为:马克思主要探讨的是"观念与经济基础之间的某种因果关系",舍勒探讨的是"观念与存在因素之间的互动关系",曼海姆探讨的是"思想与社会的联系",索罗金探讨的是"社会与主导文化的有意义的整合"。因此,默顿认为要描述知识社会学的范式,必须从细节入手,重新采用一种分析图式。他通过分析知识社会学在美国发展的某些特征,给出了他总结的知识社会学范式:

①知识生产的存在基础何在

②社会学正在分析哪些知识生产问题

③如何使知识生产与其存在基础发生关系

④为何把显功能与潜功能归因于有条件存在的知识生产

⑤存在基础与知识之间的关系何时得到承认

经过比较,默顿发现,知识社会学家实际完成的工作与作为一门学科的预期目标还有很大的距离。"很明显,这个学科领域中有广泛多样的问题需要进一步研究。"[①]知识社会学的早期范式自身正遇到严重的障碍。

第四,知识社会学的发展走向。

默顿认为知识社会学的发展走向有两条:迪尔凯姆路线与曼海姆路线。

迪尔凯姆主张知识社会学研究者应当特别重视相异观念与其社会结构的相关性,只有从实际的集体生活与生活活动的各种表象出发,才能真正了解知识的性质与内涵。这种相关性

① 丛杭青:《科学社会研究的两种进路》,《自然辩证法通讯》,2004(2)。

会随着人为因素的介入而发生变化。默顿认为，尽管“迪尔凯姆知识社会学由于他回避社会心理学而受到了损害”，[①]但他重视知识与科学知识的根源研究，相信社会学能够重建知识的社会学理论。迪尔凯姆认为：“因为科学知识从根本上说是集体的，所以从原则上说，对科学也许能够进行社会学的分析”。默顿认为，迪尔凯姆对知识和思想的社会学分析具有直接和朴素的性质。[②] 但是，不能过分“拔高”迪尔凯姆的见解。“迪尔凯姆摇摆不定的认识论，与他对时空及其他部分的具体命名之社会根源的实质性说明，自始至终交织在一起。”[③]

曼海姆的知识社会学研究，深受马克思主义的影响，也受舍勒的影响巨大。曼海姆从意识形态概念的分析中得到了知识社会学的基本框架。当意识形态从特殊概念发展到总体概念时，意识形态的简单理论就变成了知识社会学。很显然，曼海姆的知识社会学显然是以研究社会知识为重点的。曼海姆认为知识社会学主要包括两种：社会关系对思想的影响方式上的经验研究；结构与思想的相互关系对有效性问题产生影响的方法论研究，这种研究的知识无所不包。“虽然曼海姆已做的工作有助于发展独立的知识社会学的实际研究程序，但他仍然没有明确地阐明思想与社会的联系”。[④]对知识的分类上，曼海姆也未能给出清晰的界定。曼海姆提出了特定社会环境决定特定思想体系的假设，但假设的内部存在较多的不一致。曼海姆认为，分析某个思想结构，就是把它归于某个特定的群体，这就要求既对这个群体展开调查，又要解释表达这一思想的原因。曼海姆知识社会学的缺陷主要是夸大了思想的社会决定性。事实是，默顿后期的理论家承认，无论是迪尔凯姆路线还

---

①③④　[美]默顿：《科学社会学》，鲁旭东、林聚任译，第43页、33页、42页，北京：商务印书馆，2003。

②　郭强：《现代知识社会学》，第3页，北京：中国社会出版社，2000。

是曼海姆路线，都没有为知识社会学提供足够有说服力的理论和经验。

默顿知识社会学思想包括丰富的内容。除上述方面的内容外，默顿还对知识的功能研究阐发了自己的观点。他认为，“这些功能大概可以用来说明知识的持久性”。[①] 尽管默顿没有花太多的笔墨进行论述，但他认为这种分析是很有意义的。在知识社会学学者中，马克思、迪尔凯姆对知识的功能研究较为用心。马克思没有把知识的功能归结为整个社会，而是归结于社会中独特的阶层。迪尔凯姆则认为，范畴是社会的产物，同时还有社会功能。“功能分析并不旨在说明一个社会中的特定的范畴系统，而是要说明存在这个社会所公有的范畴系统。”[②]

(2)默顿对知识社会学的批判

知识社会学学者进行研究的过程，也是创造知识的过程。对于不同社会学家理论冲突的研究，属于“社会学的社会学”研究。学者共同体的关系问题后来被默顿设置为科学社会学研究的一个主要课题。默顿在从事知识社会学研究过程中，设法将他的注意力集中在学科内部的冲突方面，力图控制学科研究的范围，而不致使知识社会学研究方式的冲突扩大化，卷入更大社会的意识形态中不能自拔。默顿认为：“如果某一个国家的社会学家对这诸多问题中的每一个都持有大致相同的立场，而另一个国家的社会学家对所有这些问题一贯持有对立的立场，那么裂痕将会沿着一条轴线日益加剧，以至这些不同国家的社会学家之间的交流变得毫无意义。”[③]

默顿在知识社会学研究中，一方面探索知识社会学理论演进的新路径，把更多的知识问题纳入自己的研究范围之内，拓展研究内容，沿袭舍勒和曼海姆知识社会学的发展路径；另一

---

①②③ [美]默顿：《科学社会学》，鲁旭东、林聚任译，第47页、49页、94页，北京：商务印书馆，2003。

方面又把知识问题的研究放到现代格局中进行审视，把知识社会学理论融入现代社会学理论的基本框架中。通过对社会学的探讨，默顿还在研究方法上彰显了知识社会学的学科特征。他的研究对我们正确把握西方知识社会学理论具有十分突出的理论意义，使我们了解了知识社会学不同范式的特点及其转换规律。

默顿除了为知识社会学理论的完善进行不懈的努力外，还不断以理论家的责任关心社会学的发展，提出了许多进一步完善知识社会学的合理建议，促进了知识社会学的发展。默顿认为，社会学研究的取向就是把握个体价值存在于其中的社会环境的结构特性，“分析的焦点是集中于环境的结构与组织”。① 这与默顿一贯擅长的结构—功能分析理论是一脉相承的。

概括地说，默顿对知识社会学的批判包括三点：

首先，发展了知识社会学研究。

从默顿发表的系列论文来看，默顿总结了知识社会学的范式，他对知识社会学的研究既有对理论的基础建构，也包括对现实社会知识分子所面临的道德困境的强烈自觉意识。他对知识社会学发展的速度充满局内人的关切，为知识社会学研究课题的拓展发挥了作用。1951 年，他撰写的《社会科学家与研究政策》，超越了理论的和经验主义的分析。默顿认为，社会科学家有应尽的义务，就是维护学者的价值观，抵制研究中为研究而研究的目标，知识社会学必然是一个关于知识的社会学理论。1972 年他发表的《局内人和局外人的视角》，从更广阔的视角考察了社会科学知识的存在基础，提出了知识社会学的关键问题：一个人是否会因其资格而垄断某些知识或能优先获取知识，或者与这种知识无缘？他剖析了文化冲突的基本结构，预

---

① Jon Clark, *R. K. Merton: Consensus and Controversy*, p55, New York & London: The Falmer Press, 1990.

见这些冲突有时会成为繁荣该学科的基础。

总的看来，默顿对知识社会学的贡献是一种批判性的发掘。他既是知识社会学研究的建设者，也是导向科学社会学的开创者。综观默顿对知识社会学与科学社会学研究范式的特点，可以用“放大抓小”来形容。即在知识社会学研究方面他逐步放大思维空间，而在后来的科学社会学研究中则缩小研究范畴，科学仅是知识范围的局部聚焦。

其次，指出了知识社会学的局限性。

作为一个理论家，默顿通过对知识社会学研究状况的考察，评介了知识社会学诸理论之间的异同。默顿的《知识社会学范式》成为当时知识社会学研究的一个里程碑，开创了把知识之社会根源的哲学观念与对特定问题的经验研究相联系的新风格。正如科学社会学家齐曼所言，“我们的科学图景，依然受到认识论——即关于知识‘理论’——的深刻影响。现在业已清楚，仅仅诉诸抽象的一般原理不可能解决基本的认识论问题”。[①]

研究对象的确定性是一门学科强化其理论性的重要指征。默顿认为，知识社会学的一个缺陷是其研究范围过于宽泛。知识社会学的研究对象是知识，但是知识到底是什么？默顿认为知识社会学所研究的知识所指极广，包括了“从民间信仰到实证科学的每一种观念类型和每一种思想方式”，知识有时还和文化相混同。“当知识社会学家将考察的知识范围限定于文化知识时，他们不仅屈从了传统哲学的实证主义成见，而且心甘情愿地让自己退出了知识研究的核心位置。”[②]多样化的“知识”类型，不同类型的知识与社会的关系问题，不同知识的差异等，

---

① [英]齐曼：《真科学——它是什么，它指什么》，曾国屏等译第 7 页，，上海科学技术出版社，2002。

② 赵万里：《科学的社会建构》，第 84 页，天津人民出版社，2002。

这些都是影响知识研究的因素。

当然，默顿对当时知识社会学的拒斥，也不是完全无可厚非的。与他同时期的社会学家狄格列就认为，社会学家所关注的，应当是使客观知识成为可能的社会条件。默顿在《知识社会学范式》中展望了当时知识社会学研究的新近问题，肯定了汤因比与索罗金研究风格的正确性。“看来知识社会学已经把这两种趋向结合成为有希望产生成果的一个联合体”。① “在很长一段时间内，默顿对知识社会学的评价成了美国社会学家的标准解读，不仅造成了知识社会学传统在美国主流社会学中的长期中断，而且也使美国的科学社会学走上了一条十分特殊的研究路径”。②

再者，为科学社会学的创建建立了基础。

科学社会学创建的背景一方面是社会发展的必然要求，另一方面是科学发展的要求。默顿作为创始人的推动力是功不可没的。由于默顿学术研究领域的交叉性，他对知识社会学范式所进行的批判性总结，推动了知识社会学思想的现代发展，同时，也“证实了知识社会学领域的研究与科学社会学领域的研究有着许多富有成效的相互关系”。③“这种知识社会学，把科学视作知识的一种形态，在讨论一般知识的时候，涉及科学知识的社会学。所以，可以把这些学者讨论的知识社会学作为科学社会学的前身或者发展的最初阶段来考察”。④ 随着对知识问题研究的演进，已有知识社会学并不适合科学知识的研究，科学领域中的社会学研究似乎更具洞见。

行文至此，本文从研究默顿学术思想的“第三维”立场来

---

①③　[美]默顿：《科学社会学》，鲁旭东、林聚任译，第 54 页、1 页，北京：商务印书馆，2003。

②　赵万里：《科学的社会建构》，第 83 页，天津人民出版社，2002。

④　刘珺珺：《科学社会学》，第 38 页，上海人民出版社，1990。

看，科学社会学作为一门学科的雏形已经呼之欲出。"从后来的结果看，科学社会学的发展又是彻底摆脱知识社会学的范式及框架，从新的角度研究科学这种现象的结果。"[①]所以，默顿对知识社会学范式利弊得失批判检讨的结果，是"以自己的研究工作说明了'社会行动未预料到的结果'"——孕育了科学社会学的基础。[②] 相对于他对知识社会学的贡献来说，默顿在科学社会学研究中所处的开创性地位更加突出。但不容忽略的是，知识社会学的发展直接成为了科学社会学的思想渊源。

### 2. 默顿科学社会学思想的缘起

(1)出身科班，学成名校

米尔斯用社会想像力来形容人和社会之关系。我们对创建了一个学科的学者的分析，就是透过认识其所处社会的独特历史，了解其个人的人生经历，特别是其学术经历，从中建立一种思维，把对学科的认识放到特定人物所处的社会关系环境中，分析和理解其行为及思想。

从专业基础上来说，默顿后来能成为20世纪的著名社会学家，与他大学和研究生阶段所接受的科班教育是分不开的。同时，他又出身名校，这些学校的特殊环境和学术氛围，成为默顿成长的良好的土壤，为他的成长打下了坚实而又深厚的社会学功底，为他从事社会学研究，奠定了扎实的学术基础。默顿曾说："哈佛证明是一个易发奇缘的环境，充满着令人回忆的惊喜。"[③]

---

① 刘珺珺：《从知识社会学到科学社会学》，《自然辩证法通讯》，1986(6)。

② Jon Clark, *R. K. Merton: Consensus and Controversy*, p119, New York & London: The Falmer Press, 1990.

③ R. K. Merton, *On Social Structure and Science*. Edited and with an Introduction by Piotr Sztompka, p350, The University of Chicago Press, 1996.

追溯默顿科学社会学思想的学术渊源时，我们首先从他的学习经历说起。默顿1927年进入美国宾西法尼亚州的坦普尔大学学习，坦普尔大学是一所学科设置广泛，学风严谨的学校。其课程设置独具特色，为了培养学生良好的基本素质，学校设有一些核心课程。学校规定本科生不论修读什么专业，都必须修读写作、自然科学、社会科学、数学、历史、美术、美国文化与教育等核心课程，以使学生打下良好的人文和科学基础。默顿大学开始学习的是哲学，后受辛普森老师的影响，对社会学产生了兴趣，转向学习社会学。这是默顿学习生涯的重大转折。1931年，他以优异的成绩毕业，获得文学学士学位。同年获得哈佛大学的奖学金，成为哈佛大学社会学系首届研究生。当时的哈佛大学是美国最重要的社会学研究基地，吸引了众多爱好此专业的学生。1932年默顿获得哈佛大学的硕士学位，1936年获得博士学位。

(2)师承名师，承袭哈佛的优良传统

默顿的生平是典型的学院式生平，没有太多吸引人眼球的跌宕的佳话，也没有过于标榜个性的逸闻，我们可能在较短的篇幅内就可以将其学习经历和工作经历列述完毕。当然，如果我们换一种方式，追溯默顿成长和思想的成熟过程，那么，在有限的篇幅里就可以列举出数位大名鼎鼎的人物，他们与默顿有着种种的关联。

默顿在思想成熟的过程中，在学习和工作、科研中与多位名师有过密切的关系。在他生活的不同时期，他思想的启蒙者和指路人关涉社会学、科学史、科学社会学等学科，其中有许多是上世纪国际著名的社会学家、思想家。涉及默顿的大学时期、研究生教育时期、工作时期、教学与研究时期。每一个时期都有一批同时代人与之交往、共事，共同从事研究、教学和理论探索活动。这些人与默顿的关系各有不同，有的是“非同代的同时代人”，有的是“同代人却具有非同代性”。这些人的年龄时间跨越超过一个世纪。他们之中，许多人是各个时期、各个学科、各个“时代”、各个学派中的前驱者、代表者和头面人物。默顿同他们的交往也有多种情况，有的是师长、有的是导师、有的是学友、有的是同道中人、有的是学生、有的友谊和交情长达几十年，有的是一个阶段、一个时期的同事、朋友、学友，如此等等，情况各不相同。默顿同这些人的关系中，折射或反映出默顿的思想状况、精神风貌、创新心理、研究风格等。对这些情况的论述，都有利于研究默顿、解读默顿，成为我们追索和思考科学社会学的发展经历和未来趋势的重要组成部分。默顿自己曾说：一个人的“成就在相当大的程度上总要依赖于其他同行、同事，过去的、现在的都有”。①

对默顿和他的同时代人的关系研究，不仅仅是一种“人际交往研究”，更具有广大、丰富、深厚的学术内涵和历史意义。默顿曾在《论理论社会学》的致谢辞中说：“没有人完全了解是什么铸就了自己的思想，我也很难详细说明本书提出的各种概念的来源，以及多年来我对它们所作的一些修改的理由。很多社会科学家都为发展这些概念做出了贡献……但在这些学者中，有六位尤其使我在不同程度和方面获益匪浅。”

陈述默顿与这些人物之间的关系的另一个原委，是可以暗合默顿自己的风格。据说，默顿自年轻时起，就喜欢在自己的住处、办公室悬挂许多大学者的画像，“意即自己‘站在巨人的肩上’，也将成为一位‘巨人’”。② 在一次接受人物访问时，默顿曾对采访者提到这种特殊的工作氛围，证实了这一偏好的寓意。他说：“附带说一句，你可能会注意到，我们现在就座的这间办公室里，墙上挂着社会学创始人韦伯、迪尔凯姆、马克思以

---

①② 阎明：《真正的知识超越国界——访当代社会学大师罗伯特·默顿》，《社会学研究》，1992(3)。

及弗洛尹德的画像。这并非简单地称，现代社会学思想体现了迪尔凯姆、韦伯、马克思、米德主张的变体，而是社会学已经开始具体地、高标准地确定社会现象的本质。全新的理论观点不多，我们所做的大部分的工作，仍是进一步完善和发展早期社会理论，并使之具体化。”[①]在本文，我们不打算重点论述默顿思想与这些社会学巨人的关系，而是选择对默顿思想发展有最直接影响的重要学者进行论述。

在这些人物当中，我们只选择了其中的几位。前面说到，默顿同他们有不同的关系、不同层次的学术继承。默顿同他们关系的深浅和性质，表现了一种社会、时代、历史、文化内涵，其中也折射出默顿的理论、思想等等，这都可以帮助我们认识默顿。仅以默顿的师长为例，默顿从幼年、童年和青少年时期起，同亲友中的长者，如霍布金斯(Charles H. Hopkins)，同大学时代的老师，如索罗金，同博士生导师，如帕森斯等，这些关系广泛而深刻地反映了默顿思想定型、转向、成熟的状况。由于这些人都是活跃于当时美国教育界、学术界的重要人物，他们的活动和业绩，构成了默顿思想经历中的重要组成部分。对他们成就的研究，以及对默顿与他们的关系的研究，都汇集成为科学社会学学术史的研究成果。其中有一些关键人物，默顿同他们的关系，既反映了他们作为学者、思想者各自的、各个方面的状况，又反映了他们作为同道中人，同默顿思想发展的重要联系以及这种联系中所反映的重大差异。

1)索罗金与默顿

索罗金和默顿之间的师生关系有三个主要特征：人际吸引为基础，尊师重学为重点，但疏密有间。

索罗金(Pitirim A. Sorokin，1889～1968)是美国 20 世纪著

---

① 阎明：《真正的知识超越国界——访当代社会学大师罗伯特·默顿》，《社会学研究》，1992(3)。

名的社会学家。他被视为老一辈社会学家中的最后一个拓荒者。索罗金是哈佛大学社会学系第一位教授,也是该系的创立者和第一任系主任。被列为与斯宾格勒、罗素、汤因比等大师齐名的杰出人物。为纪念索罗金对社会学学科所作的杰出贡献,美国专门设立了索罗金奖。他1936年担任世界社会学学会会长,1965年被选为美国社会学协会会长,香港社会学家金耀基认为"索罗金不仅是当代最伟大的社会学家之一,同时也是20世纪最具影响力的思想家之一"。

索罗金的一生颇具传奇色彩,他生于俄罗斯一个偏僻的山村,曾当过俄罗斯临时政府内阁总理的秘书。因政治原因,1922年被前苏联驱逐出国。1930年到哈佛大学任教,1931年被聘为教授,1959年退休。索罗金的学术影响主要集中在社会学领域,擅长宏观社会学研究。[①] 他在社会分层与社会流动、社会文化的分析和批判、社会变迁及社会学理论等方面都有自己独到的建树。他非常看重非物质文化,通过研究西方文明的各种认识论系统,将这些认识系统归纳为六类。索罗金对俄国和美国社会学的创立和发展做出了重要的贡献。

索罗金和默顿先是师生关系,默顿博士毕业后,初期是留在哈佛大学任教,这样,索罗金和默顿又在一段时间里是同事关系。默顿和索罗金的关系虽不像默顿和帕森斯的关系那样,在学术观点上具有共同的联系纽带。但默顿也承袭了许多索罗金在学术研究方面的优良传统。索罗金和帕森斯同是默顿的大师级老师,两个人之间存在微妙的矛盾,身为弟子,默顿和索罗金之间是一种保持距离的师长与学徒关系,当然,索罗金是一位对默顿产生了重要影响的老师。

默顿就读于坦普尔大学时,在一次全美社会学年会上,经

---

① 宋林飞:《西方社会学理论》,第80页,南京大学出版社,1997。

过辛普森的引见，认识了已负盛名的索罗金。认识索罗金是默顿学习生活中的一个重要转折点。通过交谈，默顿认为索罗金就是他要追随和寻找的老师。一个因素是他崇拜索罗金渊博的学识，特别是索罗金对欧洲文化的深刻理解；另一个因素是出于默顿本人的政治倾向，当时的默顿是一位温和的社会主义者。

1931 年，默顿凭着优异的成绩，获得了哈佛大学的奖学金，如愿以偿地成为哈佛社会学系的研究生。索罗金自然就成了默顿的老师。索罗金的指导对默顿的成长影响很大。默顿后来在总结自己对理论社会学的建树时，认为是索罗金"帮助我摆脱了思想的狭隘性，即把社会的有效研究局限在美国本土，他也帮助我摆脱了在贫民窟环境中养成的思维方式，即把社会的基本主题集中在社会生活的表层问题上"。[①]

默顿进入哈佛大学后，一面专于自己的学习，一面开始他的研究工作。据"默顿后来回忆说，他之所以看似狂妄地选择哈佛大学，就是因为索罗金在那里"。[②] 因此，默顿很快就成了索罗金的研究和教学助手。虽然默顿没有接受导师的研究方向——欧洲社会思想，但他与索罗金就社会学中的广泛问题，包括科学的社会方面的问题进行过深入的研讨。他完全熟悉索罗金的研究工作，并主动通过参与老师的研究工作来加强自己的学术训练。他说他自己甚至成了索罗金的替身，每天都到索罗金的办公室去，帮老师作很多事情。1937 年，索罗金在写作他的四卷本巨著《社会和文化动力学》时，将一些伟大的思想家按认识系统分类，分析其影响程度，根据后人介绍某个思想家的专著的数量、名字出现的次数以及其学生和继承者的人数

---

① ［美］默顿：《论理论社会学》，何凡兴译，第 5 页，北京：华夏出版社，1990。

② 转引自林聚任《哈佛社会学——社会学家茶座》，第二辑，山东人民出版社，2003。

等等，来确定其影响的程度。这是一种认识论的文化分类法，它主要探讨精神文明的产生及其影响。在这项研究中，默顿被指派通过内容分析收集量化指标，为索罗金确定社会文化中的变化规律提供统计信息。“我这次做这项工作，乃是因为我宣布对科学知识的社会方面，对科学、技术和医学领域感兴趣。”[①] 因此可见，默顿和索罗金之间在学习中既是师长关系，也包含着研究过程中的主动参与、互相借鉴和互相启发。因为索罗金对统计方法的使用存在着一定的矛盾心理，但要说明文化变迁中的规律，又不得不借助于数字。最重要的是这种社会学研究方法的尝试，让默顿逐步看清了这种分析方法的功用，为他后来独立担纲研究工作打下了一个很好的基础，甚至起到了定型的作用。如他创建的科学社会学与文化总有着缕缕关联，他的研究方法总是离不开数字分析的量化方法。从这些可以看出，索罗金和默顿的关系，一方面是默顿对已成名的索罗金的追随，另一方面，索罗金也非常认同默顿的才华。他们多次合作进行过几项研究。一次，索罗金受人之约，答应为一个协会写一篇介绍当时的法国社会学方面的文章。由于索罗金自己工作繁忙，他问默顿是否愿意替他操刀。这正中默顿下怀，因为他一直对欧洲社会学怀有浓厚的兴趣。默顿很快写出了《近期的法国社会学》和《迪尔凯姆的社会劳动分工》两篇论文，分别登在 1934 年的《社会力量》和《美国社会学杂志》上，这是默顿最早发表的 2 篇文章。其中《美国社会学杂志》是当时美国两大社会学杂志之一，一般作者是很难在其上发表论文的。因为美国社会学杂志的编委历来都是名牌学校的毕业生，论文的作者限于几个大学的毕业生，这个问题一直被作为提案要求进行过改革。所以，是索罗金第一次将默顿推上了美国社会学研究

---

① [美]默顿：《科学社会学散忆》，鲁旭东译，第 37 页，北京：商务印书馆，2004。

的中心舞台，为默顿的成长创造了一个最高的学术平台。1963年，默顿和巴伯合写过一篇评述索罗金科学知识社会学思想的论文《索罗金的科学社会学观点》。索罗金主张“文化心态”是社会变迁的基本源泉和结果。索罗金认为，科学既是“感性”精神的象征，又是其结果。默顿则认为，这种既把科学当作源泉又把它当作结果的双重使用，既不会为经验验证提供机会，也不会为解释预测的例外情况提供基础。默顿针对索罗金的这种理论目的和方法论标准提出了七个具体的问题。有意思的是，索罗金回应了两位学生的这次评述，他的回应论文强硬但不失礼貌，一方面进行了个人观点的澄清，一方面又进行了反驳。[①] 这个评介和回应“在科学知识社会学的发展中形成了一个有启示的对话”。[②] 默顿博士毕业留校的工作期间，最初是当索罗金的助教，两人之间在科研方面的合作相对稳定，他们共同发表了《阿拉伯的智力发展过程，700～1300AD》(1935)、《社会时间：一个方法的和功能的分析》(1937)、《发明·发现和科学理论》(1937)等文章。

在索罗金和默顿之间合作的过程中，索罗金起到了向导的作用，强化和培养了默顿的社会学兴趣，引导默顿进入社会学领域。我们甚至可以猜测，默顿从校门到校门的这种经历，人际关系多是通过师生关系建立的网络。依赖师生关系中的学术师承是简单快捷创造工作和研究业绩的可靠途径。索罗金和默顿的这种疏密有间的师生关系，一定与默顿后来建立其师徒关系特征的独立的学术流派，有着某种联系。默顿在与索罗金的这些学习和工作过程中的合作，为默顿后来建构结构和功

---

① Philip J. Allen, *Pitirim A. Sorokin in Review*, p474～495, Durham, N. C.: Duke University Press, 1963.

② ［美］默顿：《科学社会学》，鲁旭东、林聚任译，第192页，北京：商务印书馆，2003。

能分析的模型打下了基础，也为默顿从文化分析转向集中对知识的社会学分析起到了重要的影响作用。

2)帕森斯与默顿

帕森斯和默顿之间师生关系的主要特征是：理论兴趣合而不同，师生关系敬重有加，充满情谊。

帕森斯(Talcott Parsons，1902—1979)是美国著名的社会学家，创立了著名的功能理论，是功能主义学派的代表人，1927年，帕森斯到哈佛大学任教，1931年开始在索罗金手下工作，1944—1956年担任社会学系系主任，1973年退休，1979年在慕尼黑去世，当时他正在那里作讲演。

作为哈佛大学社会学系的创始人，帕森斯的成就主要表现在对社会学理论的继承和创新。他的社会行为理论开辟了美国社会学理论研究的先河，为后来的社会学研究奠定了理论基础。他所创建的功能主义学派的出现，标志着现代社会学的开始。帕森斯早期主要是在研究和吸收不同社会学学说的基础上，特别是借鉴韦伯和迪尔凯姆理论的基础上，提出"一般行为理论"。在这个理论体系中，他试图创建一个可以分析所有社会类型现象的理论框架，其中不仅包括社会的主要制度，而且包括个人的社会行为。他把这一理论应用于分析宗教、教育和种族关系，应用于分析社会功能、变化的结构以及社会结构与文化系统的变化过程等，这个理论对社会学研究产生了重要影响。帕森斯晚期的学说和思想，主要转向强调系统整体论的功能探索，发展和完善了功能主义理论。功能主义作为社会学最具影响力的理论的出现，以至在五六十年代，功能分析方法被认为是社会学的唯一方法，功能观点成为美国社会学中占主导地位的范式。

较之于和索罗金在专业上的认同，默顿和帕森斯在致力于发展社会系统理论方面，有着更多共同的理论兴趣，他在理论倾向上几乎与老师帕森斯不谋而合，同属结构功能主义，并称为功能主义的“巨子”。他们虽同属一派，却各辟一家，在理论趋向和研究风格及发展方向上有不同的看法。帕森斯专于思辨，追求宏大理论的建构。作为帕森斯的学生，默顿继承和发展了导师的传统，更加关注社会学深层的问题，追求理论的经验性和多元性。默顿认为，在社会学领域，建立一个包罗万象的一般社会学理论的条件还未成熟，社会学还不到出现爱因斯坦的时候，因为还没有开普勒，更不要说还得有牛顿、拉普拉斯、吉布斯、麦克斯韦和普朗克。因此，在社会学理论方面，默顿并没有盲从帕森斯的综合社会学理论体系，而是大胆地提出质疑，提出了社会学中间距离的理论即“中层理论（Middle-range Theory）”。

对默顿来说，是索罗金把他吸引到了哈佛，但后来对默顿学术思想发展影响最大的，应当是帕森斯，是帕森斯开启了他的社会学思维。默顿求学哈佛时，帕森斯的学术魅力吸引了众多研究生，他和许多有才干的学生建立了良好的互动关系。其中就包括默顿、巴伯。默顿说，“尽管我们是著名的索罗金的研究生，但是我们那个小集体却更乐意同不著名的帕森斯一起工作”。[1] 这个小集体被称为“哈佛圈”（Harvard circle）。帕森斯经常在课堂中介绍他的理论，给研究生们留下深刻的印象，在学生心目中树起了高大的学术形象。巴伯在哈佛大学度过了大学和研究生阶段，巴伯既是帕森斯的学生，也是后来默顿的学生。在追述那段时间对帕森斯教学的感受时，巴伯说：帕森斯在课程演讲中，把理论应用于社会功能和文化结构的分析中，他“强调并且亲自示范利用比较性的历史和社会的资料来

---

① George Ritzer, *Modern Sociological Theory*, p99, by McGw-Hill, 2004.

检验并发展社会系统理论，这一点尤其吸引了我”。[①]“好久以前帕森斯就成为了社会学界的元老之一，他是我们这些人心目中的青年的元老”。[②] 巴伯还说：“我在承担自己的第一项重要的社会学工作时，我的雄心和意图是追随帕森斯”。[③]

帕森斯和默顿作为各具独立人格、各具不同学术观点的思想家，在理论上能保持合而不同，却互相支持同创一个学派，这是学术界的佳话。从他们共同建构的功能主义学派的特点来说，要将个人在学术中的不同倾向完全阐发出来，面临的对手又是师生关系，需要将情（基本人情）、理（师徒之礼）、法（学术观点）进行很好的整合。尤其是对默顿来说，要直面自己的老师，采取批判的态度对待老师的理论并不是件简单的事。对帕森斯来说，承认自己的研究成果得到过学生的帮助，在很大程度上表明了个人行为判定上的公正性。帕森斯在他的《社会行动的结构》的序言中，对默顿对其著作手稿的仔细阅读和所提的批评意见都表示了谢意。帕森斯和默顿之间关系的维持不仅靠的是师徒间的“一日为师，终身为父”的契认，也升华了师生间的情谊境界。1979 年帕森斯去世后，默顿对自己的老师予以高度评价：“帕森斯的去世，使得社会学的一个时代结束了，当一个新的时代开始……将为他留给我们的社会学思想的伟大传统而鼓舞。”[④]

3）萨顿与默顿

萨顿和默顿的师生关系，结合了索罗金和默顿之间人际吸引的特点，也结合了帕森斯和默顿之间共同兴趣的特点。在默顿心中，萨顿是他崇拜的学术指导者，萨顿间接不断的社会学兴趣给了默顿很大的鼓舞。在萨顿看来，默顿是一位符合他的

---

①③ ［美］B·巴伯：《科学与社会秩序》，顾昕、郏斌祥等译，第 4 页，北京：三联书店，1991。

②④ George Ritzer，*Modern Sociological Theory*，p99，by McGw-Hill，2004.

思维要求的最好学生，与默顿持续的联系，可以使他保持与社会学领域的距离不至于太远。他们的知识多元化结构极其相似。他们的师生关系的最大特点是：知识点互相补充，关系绵长。萨顿和默顿的关系主要决定方在于萨顿，因为据萨顿女儿的看法，萨顿“是一位除了书信朋友，很少有亲密朋友的人”，但是，却唯独对默顿恩宠有加，不仅教育培养了默顿，并直接帮助成就了默顿的学术界地位。默顿博士毕业后，很快离开了哈佛，但和萨顿的书信友谊保持了25年，直到萨顿去世。

乔治·萨顿（George Sarton，1884—1956）是哈佛科学史系主任，默顿称他为科学史学的总设计师。他在科学史领域中做了大量卓有成效的工作，写了15部专著，300多篇理论论文和札记，编辑了79份书目文献提要。萨顿的科学史观既跨越国界又跨越学科，他关注科学发展的社会方面，“对科学史怀有社会学视角的人文兴趣”。他是一个人文学者与科学家结合的典范，他的目标就是要建立一种以科学为基础的新人文主义，即科学的人文主义。

萨顿出生于比利时，父亲是比利时国家铁路公司的总工程师和经理。萨顿青年时在比利时根特大学先学习哲学，后转向学习自然科学。他学习化学（并因此而获得一枚金质奖章）、结晶学和数学，1911年获得科学博士学位，学位论文是论述“牛顿力学原理”。1912年创办科学史杂志 Isis，使之成为国际上最具权威的科学史刊物之一。1914年，第一次世界大战爆发，德军入侵比利时，他不得不离开他的祖国和停止 Isis 的出版工作。1915年，萨顿几经周折到达美国。从1936年起，又创办了 Osiris 作为 Isis 姐妹杂志。萨顿一生以极大的热情阐述和宣传科学史研究和教学的重要性和必要性。1934年被选进美国哲学会。1949年荣获美国医学会的查文斯·霍默·哈斯金奖。担任过国际科学史研究院的名誉院长。1952年，在萨顿退休之时，为了表彰他对科学史所做的杰出贡献，美国科学史学会决定以萨顿的名义设立科学史奖终身成就奖——萨顿奖，并将该奖首次授予他本人，既表示对他所做成就的肯定，又表明他在国际科学史界享有的崇高声誉。

萨顿早年探讨科学发展问题时就有社会学倾向。发现默顿后，两个人即表现出许多认识方法上的重合。萨顿对科学史的研究有着很高的要求，他认为，科学史教师首先必须是科学家，其次必须是历史学家和哲学家，此外，除英语外，还必须具有德语、法语和意大利语等语言阅读能力。他还特别倡导要有人文学家参与科学史的研究工作。萨顿的梦想就是把科学史的认识作用和道德作用统一起来，其中 Isis 杂志就是这种梦想的寄托，它“既是科学家的哲学杂志，又是哲学家的科学杂志，既是科学家的史学杂志，又是史学家的科学杂志，既是科学家的社会学杂志，又是社会学家的科学杂志。”[①]萨顿的这种办刊思想与他的科学史观如出一辙。其实，早期默顿对科学社会学的宏观构思也交织了多种学科视域，默顿博士论文中对 17 世纪英格兰科学发展的社会学方面的研究计划，就包含了科学、历史学、经济学、社会学等方面的分析。虽然限于论文的篇幅，默顿在写作中，将范围进行了具体的限定，但这个研究涉及的不同方面还是非常吻合萨顿思想的。这也许就是萨顿与默顿长期形成某种默契的重要原因。

1933 年，默顿开始撰写博士论文。在经济史学家盖伊(E. F. Gay)的推荐下，他向萨顿介绍了他的博士论文“十七世纪英格兰科学发展的社会学方面”的写作计划，得到萨顿的直接指导，担任默顿的博士学位委员会委员，并允许默顿使用他的个人图书馆——Widener 189 工作室。从此，默顿就成了萨顿的

---

① May Sarton, *I Knew a phoenix: Sketches for an Autobiography*, p69, New York: W. W. Norton, 1959.

徒弟之一，漫游于萨顿的学术领域。萨顿的决定，使得默顿“可以为萨顿和这个刚刚出现的科学社会学领域提供一种认识的和社会测量学的联系”。[①] 萨顿对学生的态度，和他所倡导的科学史观具有人文关怀一样，表现得非常和善。在默顿学术成长的关键时期，萨顿对默顿的关怀，起了关键的作用。默顿回忆道：萨顿“在一个我的训练只能算作一个入门者的领域里给予热情的鼓励和指导”，“把我从一个研究生转变为一个能与国际水平的学术共同体进行对话的新秀。”[②]

在萨顿与默顿的师徒关系中，还有一个非同寻常的中间桥梁——著名杂志爱希斯（Isis）和尤西里斯（Osiris）。萨顿担任 Isis 主编长达 40 年之久，作为萨顿的得意之徒，默顿理所当然成为 Isis 和 Osiris 的直接受惠者。从默顿读研究生开始，Isis 就一直向他开放，读研期间，他有 8 篇评论文章被 Isis 采纳，极大地激发了默顿的写作热情，并成为他个人转变的动因和学术进步的催化剂。默顿获博士学位后，立即被萨顿聘请为 Isis 的助理编辑，负责有关科学史的社会学方面的文章编辑，目的是确保杂志不忽视社会学研究对科学史研究的影响。默顿的博士论文《十七世纪英格兰的科学、技术与社会》也是在 Osiris 上以专论系列的形式发表。系列论文的发表以及后来论文的成书出版，使默顿一举成名，几乎奠定了默顿一生的学术成就。

4）默顿与科恩、巴伯的“三人小组”

默顿与索罗金、帕森斯、萨顿的关系主要是以师生关系为纽带的，表明默顿内心深处一直存有随大师成大器的远大理想。而默顿和科恩、巴伯三人承袭哈佛优良传统组成互动小组为学术思想的成熟营造了一种激情澎湃的环境，使他在哈佛大

---

① ［美］默顿：《科学社会学散忆》，鲁旭东译，第 87 页，北京：商务印书馆，2004。

② R. K. Merton, *George Sarton: Eoisodic Recollections by an Unruly Apprentice*, p475, ISIS. 1985. 76.

学的成长过程充满挑战而且富有成果。

默顿和科恩、巴伯组成社会学与科学史对话小组，默顿称之为三重奏(trio)。哈佛大学历来具有跨学科交流的传统，受这种优良校风的影响，加之共同的学习兴趣，默顿和科恩、巴伯之间的学习和讨论为他们思想的形成和发展提供了很好的条件。在这个三重奏小组中，默顿最年长，科恩居中，巴伯最小，年龄依次相差4岁。当时，默顿已留在社会学系任助教和辅导员，巴伯是该系本科生，科恩为哈佛物理系学生，他们三人常常在一起进行跨专业的讨论和交流。

I·B·科恩(I·Bernard Cohen)20世纪30年代在哈佛大学获得科学史博士学位，师从萨顿，是获得这个学位的第二个人。在经受了导师百科全书式的训练以后，科恩成为萨顿在哈佛的接班人。萨顿任Isis主编时，他是常务主编，继萨顿后，担任第二任主编(1953—1958)，1974年获萨顿奖。他的学术成就主要在科学思想史、经典科学原著分析和美国科学发展三个方面。科恩的《新物理学的诞生》一书，叙述了从哥白尼到牛顿的物理学的兴起，该书已用多种语言出版，受到普遍好评。他还对科学史的教学与组织做了大量工作，担任哈佛大学研究生科学史课程计划主席20年之久。1961—1962担任美国科学史学会主席，担任过国际科学史与科学哲学联合会主席和ISIS文献汇编委员会主席。

巴伯在《科学与社会秩序》一书中，承认“对我帮助最大的两个人是我的朋友和老师，帕森斯和默顿。”“十五年来，默顿在科学社会学上的杰出工作一直是我的楷模，它告诉我在这个领域的事业应该是什么。”巴伯的大学和研究生教育都是在哈佛大学进行的，1949年获社会学博士学位，师从著名社会学家帕森斯，同属结构功能主义学派。

巴伯和默顿的关系起初是一种师生关系，巴伯曾是默顿的学生。“作为哈佛的一名学生，我同像帕森斯、默顿、索罗金以及亨德森这样的人偶然相识是多么幸运，从所有这些人那里，我学到了许多一般的社会理论和关于科学的特殊知识。”①不久，基于共同的爱好，巴伯和默顿成为好友。巴伯后来在史密斯学院的社会学系任教。在科学社会学学科发展过程中，默顿和巴伯几乎成为两个关注这一学科的铁杆信徒，有加斯顿的评论为证。在《科学、技术和医学的文化指南》一书中，加斯顿说：“在五十年代以前，很少有专业社会学家关心科学社会学，除了极少数例外。默顿和巴伯是两个主要的例外，他们至今仍在这一领域内发挥着作用；在适应这一专业学科发展的条件成熟之前，他们一直没有真正的追随者。”

默顿和科恩同是萨顿的弟子，默顿与萨顿的共同兴趣是科学与社会学之间的互相吸引，科恩是萨顿培养的正宗接班人，传承了萨顿的学术衣钵。1938 年，科恩作为一名研究生，成为默顿的后继者，在萨顿的 Widener189 工作室获得一个席位，与 5 年前默顿的情形几乎一样。当科恩看到默顿发表在 Osiris 上的博士论文时，很快被吸引住了。“默顿对我来说是一位可敬畏的英雄。他是我唯一遇到的基于有关科学史的研究而获博士学位的学者。”②默顿在论文中对量化分析的应用，对科学与清教关系的探讨，以及对科学家研究动机问题的思考，给科恩留下了深刻的印象。但是，通过对默顿论文的阅读，科恩也从他对科学史的认识的角度也产生了一些疑问，例如：这是不是对一个特定历史时期近代科学兴起原因的社会学分析？还是说它是一个注入了社会学定位和视角的历史研究？抑或是对

---

① [美]B・巴伯：《科学与社会秩序》，顾昕、郏斌祥等译，第 7 页，北京：三联书店，1991。

② I. Bernard Cohen, *The Publication of Science, Technology and Society: Circumstances and Consequebces*, p577, ISIS. 79.

一个被历史学家所忽视的社会学的贡献？或者说是一个不需被社会学家思考的历史解释？[①] 正是由于这样的一些反思和困惑，科恩与默顿之间的对话就成为必然。

在默顿、科恩和巴伯三重奏奏响过程中，三人间“认识互动和社会互动正在相互加强”，“只是偶尔就学科界线把我们分开了”。[②] 不过，他们的行为也得到了很多老师的支持。特别是萨顿，萨顿为他们之间的信息和思想交流提供了许多便利条件，促进了他们的相互理解和相互提高。默顿说：“在关系密切的环境中，我们的每一位良师益友都以自己的方式施教于我们：萨顿就更不用说了。”[③]巴伯在他的代表作《科学与社会秩序》的致谢辞中也曾提到这一点：“我不能说自己是乔治·萨顿的一名‘学生’，但在我们长期的、令人愉快的相识期间，我从他那里学到关于科学史和人文主义的基本内容。他总是最慷慨地允许我利用他在怀德纳尔 189 号的私人图书馆。”[④]

1939 年，默顿离开哈佛，巴伯去海军服兵役，三重奏逐渐告一段落。后来默顿与科恩保持断断续续的联系，巴伯完成四年的服役后又返回哈佛读研究生。20 世纪 40 年代，巴伯和吉利斯皮、库恩等作为不同专业的博士研究生（巴伯是社会学博士，吉利斯皮是史学博士，库恩则是物理学博士）形成了一个科学史与科学社会学研究的网络。巴伯成为哈佛新一轮跨学科交流、互动的桥梁，标志着科学社会学发展过程中另一个阶段的兴起。

---

① I. Bernard Cohen, *The Publication of Science, Technology and Society: Circumstances and Consequebces*, p577, ISIS. 79.

②③ ［美］默顿：《科学社会学散忆》，鲁旭东译，第 74 页、101 页，北京：商务印书馆，2004。

④ ［美］B·巴伯：《科学与社会秩序》，顾昕、郏斌祥等译，第 15 页，北京：三联书店，1991。

(3)创建师徒关系型学派

如果说在默顿成长的过程中，师承名师、亦师亦友的许多学者为他思想的发展铺就了坚实基础的话，默顿在学成师满后，创建了自己的研究领域，形成学派，是他独领风骚，走向辉煌的另一个开始。

与默顿有师徒关系的后学有许多。由于默顿分别在哈佛大学、哥伦比亚大学工作过，既有哈佛大学的学生，也有哥伦比亚大学的学生；有间接的学弟、学生，也有直系学生，上面已作为他的学友论述的巴伯，就是他的学生之一。“一个人的发展取决于和他直接或间接进行交往的其他一切人的发展……单个人的历史决不能脱离他以前的或同时代的个人的历史，而是由这种历史决定的。”①

这里，我们留下了这个重要的人物共同体——默顿的学生链不表。这是一个与默顿的贡献休戚相关的话题，默顿及其同事、学生构成了默顿学派的中坚力量。要评价默顿的成功，其学术研究共同体则功不可没。这个共同体包括他的研究生、研究课题项目组的同事等等。关于默顿学派的特征和贡献，本文后面将列出专节论述。

1941 年，默顿到哥伦比亚大学任教，1979 年退休，默顿的大部分学术生涯都是在哥伦比亚大学度过的。因此，有时也把默顿及默顿学派的科学社会学思想称为科学社会学中的哥伦比亚学派。在美国社会学领域中，哥伦比亚学派是有所专指的，一般指的是以 F·吉丁斯(1855—1931)为代表的心理社会学研究。这个学派重视集团研究，把建立集团看作是同类意识，并以此作为社会学的基本原理。在研究方法上重视数学的测定，阐述统计方法的重要性。吉丁斯的主张后来被他所任教

---

① 《马克思恩格斯全集》，第三卷，第 515 页，北京：人民出版社，1979。

的哥伦比亚大学的学生所继承，故此，将其称为哥伦比亚学派。

如果本文不算太牵强的话，我们认为哥伦比亚学派的传统，在一定意义上也影响了默顿学派的科学社会学研究传统。例如，简单地说重视集团——重视科学家集团——科学共同体的研究（朱克曼的诺贝尔奖获得者群体研究），重视数学方法的使用——定量化地以数据说明科学共同体内部的特征（科尔兄弟的科学界分层研究的量化依据），良好的师承式研究传统，这都是哥伦比亚大学的光荣。

总之，默顿在不同的时期，从这些或师或友的学者身上接受各种影响，获得知识、思想、力量、支持与帮助。这些人物的成长，推动和帮助了默顿的成长。默顿是和他的同时代人一起成长的。但是，默顿又总是一面从他们那里获得力量，表现他是一个各种思想的吸取者；另一方面，他又总是突破和超越他的同时代人，创建了自己独特的理论，是思想的给予者，给社会学界和科学社会学界带来新思想，在接受他们的影响的同时，又超越了他们。

## 三、科学社会学在美国的发展

美国把社会学当作一门科学，作为有经验根据的、实在而客观的系统知识是近代以来的事。也就是说，有关社会的科学知识是随着近代资本主义社会的建立而产生的。1892 年，芝加哥大学设立社会学博士学位，成为世界上第一所授予社会学博士学位的大学。十几年后，美国大学社会学研究生的培养开始从中西部发展到了东部地区，哥伦比亚大学开始设立社会学课程。20 世纪 20 年代后，几乎所有的综合大学都把社会学当作一门课程，社会学从此作为一门学科在美国得到了认同，成为美国社会科学研究中的一个重要分支。

美国社会学的发展主要受欧洲启蒙时期社会学的影响，从20世纪初开始，欧洲社会学思想在美国得到了迅速传播，并逐步被美国化。美国社会学的发展经历了五个不同的发展时期。[①] 20世纪60年代后，受三种主要因素的影响：为了经济军事扩张的需要，缓和国内社会矛盾，以及战后美国社会主流思想的变化，美国逐步开始重视人文社会科学的研究，呈现出百家争鸣、各派学说标新立异的发展态势。从20世纪80年代到现在，在所有的发达国家和发展中国家，社会学已经逐步发展成为一门相对完善的学科，美国是现代社会学研究最发达的国家，美国社会学呈现出纯学术的基础理论研究与应用研究双向发展的特征。

随着社会学在美国的发展，社会学研究的对象越来越多，研究目的也逐渐不同，学科越分越细，形成了40多种分支学科，科学社会学是其中的一个年轻分支，分支学科的发展反映了社会学发展的深层面和新焦点。科学社会学以社会的观点探讨科学与社会的关系，它从科学和社会两个不同的视角，研究社会如何影响政治决策、教育、社会价值、社会结构、生活方式，同时解释现代科学技术发展中提出的各种问题，考察科学观念产生的思想背景，注意科学家个人社会地位与其他人的关系。科学社会学丰富了社会学理论，是社会分析的综合学科。

### 1. 科学社会学的兴起

科学社会学的发展，与默顿的思想发展是直接联系的。但是，仅仅考察一位理论创建者的思想是不够的。因为一门学科

---

① 中国社会科学外事局编：《美国人文社会科学现状与发展》，第138页，北京：社会科学文献出版社，2001。

的建立，创建者的思维只是众多研究人员思想的一个集中体现，是集体智慧的结晶。所以，我们还必须从学科发展的角度考察科学社会学发展的历史过程。

从学科发展来说，一门学科的成熟，是以时间为界定线，以一些论文或著作的发表出版为标志。这些标志的出现，即不仅有事实上的历史，而且有历史的记载和著作，它能以历史形态存身于世。从时间上说，从美国科学社会学兴起的时间大约是20世纪60年代左右。

默顿认为，科学社会学的发展的历史线索是：20世纪30年代甚至更早开始萌发，经历了长期的停滞时期，直到20世纪60年代才创立。默顿在追溯科学社会学发展史时，认为可以将科学社会学制度化以前的学术探索，特别是研究方法的探索，追溯到19世纪末期康多尔的著作中。按此推断，科学社会学的萌生实在是太长了些。但是，这也说明了科学社会学思想的深厚。作为科学社会学的创建者，默顿对科学社会学长期以来受到的普遍忽视，即长期停滞的原因进行了多重因素的分析，结果无非是加重我们对学科先驱者们的敬畏。“我30年代开始研究这个领域，那时这还是个未知领域，还没有人认真地形成有些思想，使之演进成一个拉卡托斯含义上的演进项目。”[①] 1952年，默顿为巴伯的《科学与社会秩序》所作的序言中，对科学社会学长期处于被明显忽视的情形，进行了深刻的思索。首先，是从业者的数量对比，“在美国的学院和大学中，数千班级致力于社会学的这个或那个分支，极少数人致力于科学社会学”。[②] 其次，从社会组织方面来说，在社会科学中，随着社会、

① 阎明：《真正的知识超越国界——访当代社会学大师罗伯特·默顿》，《社会学研究》，1992(3)。

② [美]B·巴伯：《科学与社会秩序》，顾昕、郑斌祥等译，第2页，北京：三联书店，1991。

经济和政治需要的发展,都成立一些专门的学会,表明对某一特殊问题研究的重视。然而,却没有一个学会专门研究科学社会学。“在美国的几千名社会学家中,甚至只有不到一打的人宣称科学社会学是他们的主要兴趣所在。”[①]更加令人难以接受却又不得不接受的是,巴伯是默顿从教 18 年来唯一一个在这个领域做出贡献并写出著作的学生。“至少直到 20 世纪 60 年代,在美国和欧洲的一些国家,实际上仍然没有任何研究者的互动团体在这个领域中承担一项共同的、交叉的或相互关联的研究任务。其结果是,确实没有多少人以‘科学社会学家’这样的自我形象出现。”[②]推动科学社会学发展的,与其说是社会学家,倒不如说是靠一些物理学家和生物学家。科学社会学学科的文献目录也主要是从科学领域转向管理领域的科学家们所撰写的。并且,“在这些著作中,历史上的轶事常常代替了系统的论据与见解的位置,代替了从大量文献资料中推断出的结论的位置”。[③]默顿认为,这种研究的结果是经验片段太多,无法形成系列的理论成果。

巴伯是科学社会学学科发展过程中重要的参与者之一。按照巴伯的分析,他认为科学社会学建立的时间是 1952 年以后的事。他认为,在 20 世纪 30 和 40 年代,尽管英国的“科学人文主义者”贝尔纳等人,曾撰写过有关科学的本质、问题和应用的著作,但其工作的主要兴趣和目的“在于实际的政策”,而不是为了学术研究。因为“实际政策是当时几乎每一部关于科学和科学政策著作所普遍感兴趣的问题”。而当时撰写关于科学问题之著作的专业社会学家几乎只有默顿。“在五十年代末,默顿对科学社会学的某种三心二意的兴趣转变成强烈的兴趣,

---

①③ [美]B·巴伯:《科学与社会秩序》,顾昕、郏斌祥等译,第 3 页、4 页,北京:三联书店,1991。

② [美]默顿:《科学社会学散忆》,鲁旭东译,第 18 页,北京:商务印书馆,2004。

他鼓励新的一代研究生成为这个领域的专家。”[①]“自1952年以来,科学社会学兴起并且成熟了”。[②] 他还在另一处说:“六十年代以前,科学社会学是不存在的,它甚至不被认为是社会学中的一个专业”,他认为他的《科学与社会秩序》就是很好的证据。[③]

朱克曼是默顿学派中的重要一员。按照朱克曼的看法:科学社会学创立的时间是20世纪30年代,20世纪50年代末开始兴盛,科学社会学制度化的时间是在20世纪50年代。朱克曼在1988年出版的《科学社会学手册》中,对科学社会学的发展进行了回顾。她认为,科学社会学作为一门学科,创立的标志应当是学科博士学位的授予。20世纪30年代,默顿在哈佛大学获得博士学位,此时吉尔菲兰(S. C. Gilfillan)在哥伦比亚大学以发明社会学的博士论文获得学位,这是科学社会学崭露头角的开始。然而,这个可喜的开端拉开的仅仅是沉寂的缓慢帷幕,并没有出现积极的成果,“20世纪四五十年代,科学社会学这一研究领域没有得到广泛探索”。[④] 直到在20世纪五十年代末,科学社会学才逐渐形成。朱克曼认为,科学社会学形成的理论标志有两个,一个是默顿1957年发表的论文“科学发现的优先权”,一个是库恩1962年出版的《科学革命的结构》。[⑤] 她认为,20世纪80年代,随着科学成为社会学中的合法课题,科学社会学的制度化才成立。

学科历史的追溯和总结,总是蕴含着现实的精神气候、社会需要和本学科当前的问题。每一个学科的发展与建设,都必然会在一定阶段,产生对自身的研究,即对“研究”之研究,这是学科建设的必经阶段。这种研究有助于进行学科规划、理论构

---

①②③ B·巴伯:《科学与社会秩序》,顾昕、郏斌祥等译,第8页、1页、5页,北京:三联书店,1991。

④⑤ 朱克曼:《科学社会学五十年》,《山东科技大学学报》(社会科学版),2004(2)。

想，它是学科自觉性的表现。对科学社会学发展的回顾，目的在于客观地认识科学与社会关系，尤其是随着科学技术的发展，许多现实问题的出现引发了人们的警觉。

### 2. 默顿科学社会学思想的形成

根据前述美国社会学在当时的发展状况，以及科学社会学发展的线索，历史坐标指向了一个共同的时间：20 世纪 60 年代前后。这个时期，是默顿科学社会学思想逐步走向成熟的时期，默顿科学社会学思想的形成是依托美国社会学发展的产物。

（1）早期：科学与社会互动关系的宏观考察

从研究的立足点来说，默顿早期对科学社会学研究方法的切入，与他后来创建的科学社会学体系有很大的差别。默顿对科学社会学的研究最早开始于 20 世纪 30 年代，“我 30 年代开始研究这个领域，那时这还是个未知的领域，还没有人认真地形成一些思想”。[①] 默顿早期立足社会的角度，从科学与社会的关系以及两者的互动去考察科学，也就是说，一开始他并没有明确地将科学建制作为一个独立的系统从社会中分离出来，对其进行单独的社会学分析和研究。当时，科学本身的制度化特征也不是十分突出。

默顿曾对初期情况做评价时说：就“理论科学社会学早期的变迁过程”而言，“我当时对这个领域的发展的考察，远不及现在的事后认识使我能对当时的实际发展所得出的结论”。[②] 实际上是说，他当时的研究方向并不清晰。因为他早期的出发点是针对“社会”而研究，后期研究所得出的结论主要是针对“科学中的社会”而言的。例如，他的博士论文《十七世纪英格

---

① 王大明：《大科学时代的小社会学——对默顿科学社会学理论的再思考》，《自然辩证法研究》，1994(8)。

② ［美］默顿：《科学社会学散忆》，鲁旭东译，第 31 页，北京：商务印书馆，2004。

兰的科学、技术与社会》，就是以整个英国社会为背景，广泛地观察了当时各种职业兴趣的转移问题，并把职业兴趣的转移归结于某些社会因素。如他认为战争使军人行情看涨，而科学职业兴趣的提高，则与清教伦理等一些社会意识和价值观有牵连，目的是探析科学作为一种活动领域的制度化，并探究它是怎样在与其它职业兴趣领域的竞争中发展起来的。默顿的研究是一种建立在史学基础上的好奇心，关注的焦点是对科学的社会环境究竟何如的揭示。默顿通过世纪英国这一历史个案归纳出科学与社会互动的模式。如果说当时的军事利益和经济利益对选择科学研究的问题有影响的话，那么默顿在论文中就是想考量它们的直接和间接的影响到底是什么？总而言之，默顿早期注重的实质问题主要集中在科学中的认识发展与周围的社会结构和文化结构的互动方面。

根据巴伯的看法，20 世纪 40 年代初，尽管默顿已经出版了他的著作和发表论文，“但是在三十和四十年代，他之所以撰写关于科学的著作，只是因为他因此可能发展一些关于‘观念’或‘文化’在社会系统中的作用以及关于观念对于社会系统之稳定和变迁的影响的理论思想”。[①] 默顿的论文《科学的规范结构》中虽然提出了后来著名的科学规范。其实，当时他真正想论证的主要问题是，究竟哪种制度背景为科学的发展提供了相应的措施？通过对科学规范的描述和分析，默顿认为，与科学的精神气质相融洽的社会氛围适宜于科学的发展。

从认识的切入点来说，默顿早期对研究方法的使用，是期望从知识与社会的存在关系的角度，在知识社会学领域，发展并应用社会理论，找到其兴趣的光大点。默顿曾在一篇回忆文中说：“在 20 世纪 30 年代末，我的兴趣比以往任何时候都强烈

---

① ［美］B·巴伯：《科学与社会秩序》，顾昕、郏斌祥等译，第 3 页，北京：三联书店，1991。

地转向了知识社会学。到了1945年，我觉得已经准备好了，可以考察这个领域的认识状态了。结果，我提出了一个被描述为‘知识社会学范式’的总的观点……”[①]关于这一点，我们已经在前面章节中做了论述。默顿在实际进行研究的过程中发现，“由于缺少思考科学本身的社会文化结构所需要的概念框架而受到严重的妨碍”。所以，他后来转向了更确定的科学社会学研究，从此扭转了他整个的研究中心。

因此，从研究的立足点和认识的切入点两个方面可以看出，默顿早期的研究方向，是在社会大视野中考察科学与社会的互动关系。正如斯托勒在为默顿的《科学社会学》所写的导言中指出：“默顿的注意力放在社会中的科学”上，这里所说的社会，当然不仅是科学建制中的社会，而是更大范围的人类社会。刘珺珺曾为其命名为“广义科学社会学”。也就是说，默顿早期的工作在很大程度上与贝尔纳的科学学思想是相像的。[②]

(2)20世纪50年代：对科学社会的系统关注

20世纪50年代前后，默顿在研究思路上发生了重大改变。他说：“为了研究科学与社会之间那些相互影响的特征以及这些影响是如何发生的，因而有必要扩大我以前的努力去发现一种思维方式”，那就是去思考作为制度化的科学，以及作为社会组织的科学。也就是说，他开始了对科学社会的系统的关注。

默顿在《科学与社会秩序》的序言中，写道：“科学社会学长期以来总是处于混乱状态：一方面，它过于思辨，一共只有很少被确认的事实；另一方面，它遭受到经验主义的过度侵袭，因为这些事实一般形不成理论。”[③]这说明默顿已经从认识上完成了

① [美]默顿：《科学社会学散忆》，鲁旭东译，北京：商务印书馆，2004。

② [日]福武直主编：《国外社会学概况》，虞祖尧等译，北京大学出版社，1982。

③ [美]B·巴伯：《科学与社会秩序》，顾昕、郏斌祥等译，第4页，北京：三联书店，1991。

从事实、观念到理论的建构过程，开始积累科学社会学学科的理论雏形。在这篇序言中，默顿不仅总结了科学社会学的发展经验，让他从更深层次思考科学社会学长期没得到重视的各种原因，同时，也从新的角度考虑研究模式的转向。默顿认为，新的研究思路应该从社会学专业的教材改革开始，社会学的教学不能再漠视科学领域，应当“把科学当做现代社会学中一个较为重要的建制”，使学生的认识范围扩大化，而不是仅仅在教科书中“偶尔谈到科学是使社会变得丰裕起来的‘重要作用’，但却很少对这种作用加以系统的分析”。[①]

默顿认为，随着科学知识的增长，在理论和经验的基础上对科学建制观、规范和制度化安排进行系统的阐述，应当成为一个研究主题。所以，他决定从认识的角度把科学与社会隔离开来研究。“正是沿着这条路线，在 20 世纪 40 年代末期并且断断续续地在下一个 10 年期间，我继续进行了关于科学的规范结构问题的研究，进而转向了对科学的社会组织的进程的研究。”[②]默顿先后写了“应用社会科学在政策形成中的作用”(1949)、“科学发现的优先权”(1957)、“科学中的单一发现和多重发现”(1961)、“‘承认’与‘优异’富有启示性的双重含义”(1960)等等文章，展开对科学家竞争模式的探讨、对科学奖励结构的理论探索以及对科学评价的社会过程的探讨。这些论文成为默顿建立科学社会学理论的重要基础，影响了默顿科学社会学研究范式。

(3)20 世纪 60 年代：科学社会学理论的建构

从 60 年代开始，美国社会学呈现多样化发展的特点。[③] 一

---

① [美]B·巴伯：《科学与社会秩序》，顾昕、郏斌祥等译，第 2 页，北京：三联书店，1991。

② [美]默顿：《科学社会学散忆》，鲁旭东译，第 33 页，北京：商务印书馆，2004。

③ [日]福武直主编：《国外社会学概况》，虞祖尧等译，第 149 页，北京大学出版社，1982，

方面，结构功能主义盛行，作为结构功能主义者中的主要成员，默顿出版了他的论著《社会理论与社会结构》。结构功能主义虽然为进一步把社会学作为一门科学起了很大作用，但由于过于重视社会平衡，难以理解和说明社会的变化而受到了批判。另一方面，从哲学上述及科学的价值、知识的意义的研究的比例也随之增大。经过不同国家的科学社会学家在国际社会学联合会议中的互动，科学的社会学分析以及与社会学本身相关的讨论逐渐引起了人们的重视。1979 年，默顿在回忆录中写道："正是在这过去的 10 年中，无论是在国际上还是在大多数国家的社会学家中，这个领域的制度化进程和学术进展的步伐都大大加快了。"[①]科学社会学逐渐成为一个被认同的专业。例如，从事专业研究的人数；博士学位点的增多；专业文献的增多；各种观点的集中；专业基本问题与前沿问题的出现等等。同时，科学哲学研究及其转向也开始影响学界对科学的社会结构与认识结构的探索，促进了默顿科学社会学理论的建构。"科学社会学与科学哲学之间错综复杂的互动，给这两个学科都留下了难以磨灭的印记。"[②]

1957 年，默顿当选为美国社会学学会主席，在就任仪式上，他发表了题为："科学发现的优先权"，这个演讲是默顿科学社会学模式诞生的标志，默顿从此脱离了"社会中的科学"模式，进入所谓的"科学中的社会"这种模式。[③] 默顿指出："'可以从它的几个主要方面把科学作一种设施来考察'，这几个主要方面是：(1)科学这种建制的目的或价值；(2)科学建制内的规范(重点在非技术性的规范)；(3)科学建制的奖励制度。"至此之

---

①② ［美］默顿：《科学社会学散忆》，鲁旭东译，第 24 页、34 页，北京：商务印书馆，2004。

③ 王大明：《大科学时代的小社会学——对默顿科学社会学理论的再思考》，《自然辩证法研究》，1994(8)。

后，默顿科学社会学思想几乎完全脱离了他早期的倾向，理论上勾勒出科学社会学研究的问题群，培养了一批研究的中坚分子，在这些学科内部和外围因素的影响下，实现了研究方法的成功转换，将注意力集中在"科学内部的社会系统"研究上，在默顿及其研究共同体的不断努力下，一个独具特色的科学社会学研究纲领正式形成了。

追溯默顿科学社会学思想形成的线索，梳理它起伏跌宕的发展过程，寻觅它的轨迹，总结它的经验教训，是解读默顿科学社会学思想内容的重要前提。至于默顿科学社会学理论体系的具体内容及其对科学社会学的影响，本文将在后面的章节中进行具体分析。

## 四、默顿科学社会学思想在中国的传播

中国的科学社会学研究是外发性的。默顿科学社会学思想也是通过学术交流被引入的。伴随着我国学术研究的历程，默顿科学社会学理论的传播经历了一个初为人识到广受重视的过程。默顿及其学派的学术观点的传播不仅促进了中国的科学社会学的理论研究的发展，也带来了新的理论与思维，促进了中国的科学实践走向理论化、科学化。

默顿是著名的社会学理论家。其社会学思想自不待言。就科学社会学学科而言，默顿无疑是此学科的创建者。我国国内对默顿的介绍始于 20 世纪 80 年代。1982 年自然辩证法通讯杂志社编辑的《科学与哲学》研究资料第 4 辑介绍了默顿的部分思想，开始了我国的科学社会学研究。1988 年，南开大学刘珺珺教授出版了《科学社会学》一书。书中对默顿及默顿学

派进行了详细的论述。20 世纪 90 年代,伴随着我国社会科学研究的整体繁荣,关于默顿科学社会学思想的研究逐渐多了起来,出现了几位研究默顿思想的专家,其中首推山东大学的林聚任教授和马来平教授。

**1. 空谷足音**

中国的默顿学术思想研究是与改革开放的实行相联系的。从 20 世纪 80 年代开始,在社会学研究领域内开始介绍、引进外国社会学家思想的同时,默顿的科学社会学理论也逐渐成为学术界研究的对象。王大明、樊春良、林聚任等人在我国科技哲学界的权威杂志《自然辩证法通讯》、《自然辩证法研究》上发表了对默顿科学社会学理论的研究文章。默顿在科学社会学方面的基本观点,特别是"默顿命题"的研究引起了国内学者的注意。这个时期,科技哲学研究、科技思想史研究在我国刚刚兴起,科学中的社会学问题研究还没有得到人们的重视。通常意义上,人们更多的是将科学社会学作为社会学的一个分支学科来看待,科学领域的艰深无形中也阻碍了研究者对这个学科的涉足。直到 1998 年,孟建伟撰写了从科学哲学到科学社会学的文章,科技哲学界才有了较多的学者将视线转向科学社会学,默顿理论也开始受到学界注视。

进入 21 世纪以来,随着知识经济的发展,全球化趋势迅速加快。在科学社会学领域,贝尔纳、波兰尼、普赖斯的学术观点被广泛地接受,科技与社会研究从书斋走向社会,默顿学派其它成员的论著及思想也得到了传播,默顿的学术影响迅速增大。有些学者开始选择默顿科学社会学理论中的具体内容进行研究,例如,默顿关于科学承认中的权威的有限问题,[1]默顿

[1] 金俊岐、胡杨等:《科学中的权威与权威的科学》,《河南师大学报》(哲社版),2000(4)。

对科学共同体的研究问题。[1] 当然，最多的依然是对默顿规范的研究。

但是，从整体上来看，比照默顿科学社会学思想的宏大而言，这些研究论文主题较为松散，内容则多侧面、零散地涉及了该学科的研究范围。由于其时学界尚沉浸在学科开创热之中，直到 20 世纪末，对默顿科学社会学思想的介绍犹如空谷足音，并未在学界引起广泛的响应，默顿的学术思想仅仅初为国人所识。

### 2. 余音未了

2003 年默顿去世，默顿的思想成了盖棺论定的事实。可谓是人已走，茶未凉，余音袅袅成文章。这一年，成为默顿研究的转折点，从社会学领域到科技哲学、科学社会学领域，学界对默顿思想的研究都相当多，尤其集中在 2003 年、2004 年，仅科技哲学学科，每年都有近十篇研究默顿理论的文章得到公开发表。表明我国学者开始重视默顿研究，中国的默顿科学社会学理论研究，从初具基础转向了深入研究。我国科技哲学领域的重要期刊《自然辩证法通讯》、《自然辩证法研究》、《科学技术与辩证法》，都刊发过若干有关研究默顿的文章和评论，包括一部分大学的学报也越来越多地涉及这方面的内容。从近年研究生的论文选题看，已有越来越多的学者聚焦默顿，北京、武汉、南京、厦门等都有多人以默顿为研究对象写出学位论文（如欧阳锋、周学政、杜娜、吕洁等）。有些大学在科技哲学硕士中已开设了《科学社会学》作为专业课，讲义基本都是围绕默顿的《科学社会学》进行教学。从 2003 年至今，我国学者对默顿科学社会学思想的研究逐步形成了专人专题研究的趋势，对默顿

---

① 王彦君、吴永忠等：《试析两种科学共同体理论的不可通约性》，《科学技术与辩证法》，2002(6)。

学术思想的研究从零敲碎打的论文形态转向系列学术专题研究，[1]由原来的单个专家独立研究转向导师带学生形成方向有组织地进行学术思想研究，默顿科学社会学思想研究在有些高等院校逐渐成为一个学术研究方向，如山东大学师生在默顿研究方面成果就非常突出。

在我国，随着“科教兴国”策略的实施和“科学技术是第一生产力”观念的深入人心，科技界的社会影响逐渐加强，科技领域工作者精神信仰的追求与科研规范的遵循引起了学术界的关注。针对这些问题，默顿关于科学精神、科学规范等问题的论点，成为人们制定科研道德规范的依据。与此同时，我国学者对默顿理论达到较深层次的研究后，也看到了默顿范式的局限性。例如：王大明认为，默顿理论模式是研究科学社会系统中的一个相对独立的系统，是一个小社会的社会学，这一小社会由科学精英组成。孙启贵认为，默顿的科学规范日益呈现出固有的缺陷，其原因在于默顿科学社会学思想与大科学时代运行实际相背离，默顿的科学观与大科学观相冲突，摆脱困境的根本出路在于重建适应大科学时代的规范。总之，默顿科学社会学思想的传播丰富了人们对科学的理解，科学内部的结构与规律逐步为人所识，仅从这一点来说，默顿的学术贡献就是巨大的。

此外，默顿科学社会学思想在得到广泛重视的同时，中国学者也开始寻找中国版的科学社会学解释理论。默顿科学社会学思想主要提供的是一种社会学分析理论，中国进行默顿研究的主要意义是在批判、吸收默顿理论的同时建立自己的立场，默顿研究方法的案例大多是美国式的，我们只有结合中国的案例才能更好地理解默顿，默顿的理论才有生命力，在案例

① 详见马来平、林聚任、周学政、欧阳锋等论文。

研究中才有可能真正建构研究框架并发展理论。诸如中国学术界应当如何理解默顿规范的适用范围？如何在新时期坚持与扩展默顿规范？中国学者对此都提出了一些新的看法和思考。例如，张华夏等发表了《论新时代科学精神气质的坚持与扩展———对默顿规范的拓广研究》一文，表达了对默顿规范进行再思考已经成为我国学者关注的一个焦点。近些年来，在一些重点问题上，我国还举办了一些全国性学术研讨会进行学术商榷。例如，北京师范大学举办"当代科学技术的价值审视及科学技术中的哲学问题学术研讨会"，徐梦秋教授和马来平教授都提交了关于默顿规范的论文。徐教授提出了需要从十个方面对科学规范进行研究，①马教授提出默顿规范是应然问题而非实然问题。② 以上种种迹象，表明我国对科学社会学的研究走向了一个稳定、健全的发展态势。

最近五、六年来，我国学界对默顿科学社会学思想的研究又呈现出良好的发展势头，特别是一些国外的研究成果相继被翻译、引进我国，这对我国科学社会学理论的研究起到了极大的促进作用。尤其是现在，改革开放已经进入到一个新的阶段。我国在经历了一系列解放思想、改革发展的历程后进入到全面建设小康社会的时期，社会、经济、政治、文化等各项事业都获得了巨大的发展，科学技术事业也随着改革开放的进行获得了长足的进步。人们进一步加强了对科学技术的社会运行的关注，开始反思我国的科学政策，国家和政府支持了一系列关于科学技术与社会的研究课题，吸引了人们对科学社会学学科的兴趣。

---

① 徐梦秋：《科学规范的内涵、类别、功能、结构和形式》，《当代科学技术的价值审视及科学技术中的哲学问题学术研讨会论文集》，2003。

② 马来平：《默顿的科学规范思想研究》，《当代科学技术的价值审视及科学技术中的哲学问题学术研讨会论文集》，2003。

# 第二章

# 科学的体制化源起

默顿的科学社会学思想讨论了科学活动的各个过程：生产、组织、交流、奖励、评价等等。对这些内容，我们将按主题分成三个部分：默顿命题、默顿规范、科学承认进行论述，“整个思想通过各个部分而显明，而不预先理解部分，也不能彻底了解任何最细微的部分”。[①]

一门学科的发展离不开理论研究和经验总结。自然科学或社会科学都是由命题组成的，许多命题至少在原则上可以被经验研究证实或者证伪。默顿在经验研究的基础上，经过自己的说明和研究，提出了关于科学与宗教问题的“默顿命题”，通过对这一问题的研究推动了科学社会学的发展。

① 叔本华：《作为意志和表象的世界》，第1～2页，北京：商务印书馆，1982。

# 一、"默顿命题"

默顿对宗教与科学，尤其是对清教主义与科学问题的重视，源于马克斯·韦伯著作的直接启迪。韦伯对新教主义和资本主义发展之间关系的讨论受到了人们的广泛重视。在《新教伦理与资本主义精神》中，韦伯认为宗教改革特别是加尔文主义，新教徒的宗教教义，除了其精神意义之外，还有其社会结果，即在世禁欲主义的兴起。韦伯论证了宗教改革的结果是带来了人们心理倾向的变化，从而促成了世俗世界的革命，如果没有努力和理性行为这些内在的道德价值观，在那样一个时代就无法产生现代的资本主义。当默顿在准备他的博士论文时，他逐步注意到17世纪的科学家往往具有宗教信仰，特别是倾向于清教。为了搞清楚其中的问题，他开始逐字逐句阅读"韦伯的著作，以了解他是否对清教与科学和技术的关系有所论述。他自然有所论述，结果我发现，韦伯在他那经典性论文中做出结论说，'下一步的任务'之一就是找出'在前面的简述中仅仅有所触及的禁欲的理性主义，对于各种文化的和社会的发展的重要意义'，这些发展中包括'哲学的和科学的经验主义的发展……技术的发展以及……精神观念的发展。'一旦辨明了韦伯的意思，他的建议就成了对我的一项命令"。[1] 后来的事实证明，默顿对韦伯的"命令"的领悟是十分准确的。

---

① [美]默顿：《十七世纪英格兰的科学、技术与社会》，范岱年等译，第13页，北京：商务印书馆，2000。

### 1.“默顿命题”的涵义

1935 年，默顿完成了他的博士论文《十七世纪英格兰科学发展的社会学方面（Sociological Aspects of Scientific Development in Seventeenth-Century England）》。1938 年，默顿将其论文以《十七世纪英格兰的科学、技术与社会》为题在科学史期刊《Osiris》上以系列论文的形式发表，1970 年作为书籍得以出版。[①] 在这本著作中，默顿通过研究得出结论：“由清教主义促成的正统价值体系于无意中增进了现代科学。”[②]人们通常将这个结论称之为“默顿命题”（merton thesis 或称为“默顿论题”），有时，也将默顿在该著作中的主要论点统称为“默顿命题”。

库恩认为，默顿命题“实际上是两个来源不同的命题的重合”，[③]即默顿命题由两部分内容组成。命题的第一部分是指 17 世纪的英国科学有力地推动了近代科学的发展；命题的第二部分是指清教主义促进了英国近代科学的制度化。默顿命题一经提出，就在学术界引起了广泛的关注和持久的争论，产生了重要的影响。

默顿所应用的清教主义、新教伦理等概念，其核心内容都是指以加尔文教派为代表的一种社会价值观或文化。作为一种文化，它已超出了宗教本身的含义，成为当时社会中的主导精神因素。默顿强调的并不是个别的事件，而是整体意义的社会文化背景。默顿指出：“具有更大重要性的是观念在把行为指引向特定方向中的作用。正是占主导地位的观念体系对于

① 吴忠：《默顿的博士论文：基本思想和基本方法评述》，《自然辩证法通讯》，1986(4)。

② ［美］默顿：《十七世纪英格兰的科学、技术与社会》，范岱年等译，第 183 页，北京：商务印书馆，2000。

③ 库恩：《必要的张力》，纪树立译，第 113，福建人民出版社，1982。

在各种与基础性的思想感情同等兼容的、可供取舍的行为之间做出选择起着决定性的作用。"①

默顿命题认为，和清教主义相联系的一系列价值观念给科学的发展产生了积极的作用。默顿源引17世纪英国的例子，认为人们遵从清教伦理的规范，以神圣的情感介入世俗事务，鼓励了科学的增长。科学和技术的社会用途在清教价值占统治地位的地盘里得到了越来越多的承认。默顿命题并没有排除广泛的社会经济力量的重要作用。默顿的论点不是说新教伦理构成了科学所依赖的一个首要的、独立的变量，而是说，通过相互的作用，科学逐渐被赋予了更高的价值。

在承认清教主义对科学具有积极作用的前提下，如何客观评价这种作用的程度是非常关键的问题。有些学者也正是在这个问题上对默顿命题提出诘难。默顿指出这是一种"最易引起混乱的误解"，"某些走马观花式地浏览了此书的评论者想把下述观点强加给笔者：即，若无清教主义，就不会有近代科学在十七世纪英格兰的集中发展，如果笔者真的持有这种观点，那就是愚昧至极了"。②默顿认为，应当根据历史社会学的观点来分析清教的作用。他强调清教对17世纪英国科学的作用是无意的和间接的，"起源于加尔文教义的宗教伦理的始料未及的后果"。③

### 2. 宗教与科学的关系

"默顿命题"的核心内容，是主张清教伦理推动了科学制度化的进程，宗教与科学的这种"选择性亲和"（默顿语）关系引起了学术界的注意，引发了科学社会学理论对宗教与科学关系的深层思考。

---

①②③ ［美］默顿：《十七世纪英格兰的科学、技术与社会》，范岱年等译，第131页、14～15页、18页，北京：商务印书馆，2000。

宗教与科学的关系问题向来是西方哲学界和科学史中一个有争议的主题。传统的观念把两者的对立看作其主要关系，已有相当多的学者和文章作过翔实的论述。人们对它们之间关系的认识越来越走向客观、公正和全面。现在的一般看法是，宗教的本质是中性的无褒贬之分。在形成西方社会的价值观方面，宗教与科学各自都扮演了卓越的角色，留下了持久的印记。

在流行的宗教与科学的相互关系中，通常包括三种观点。一种是冲突论，这种观点认为，宗教和科学之间存在着根本的冲突。科学与宗教是天生的敌对力量，科学代表真理，宗教代表谬误。科学就是一套无懈可击的事实，宗教则是一串无法证实的信念。伽利略的被囚受审、布鲁诺和塞尔维特的惨死等科学史上的例子，强化了人们的这种印象。许多著作都以描写宗教与人性、宗教与科学的冲突留传于世。

从世界观和认识论的角度分析，宗教和科学具有明显的对立性。二者在基本立场上，一个为信仰舍弃理性，一个处理的是可检验的事实；一个在永恒的真理中找到安慰，一个对科学认识的进步所带来的变化而欣喜。罗素就认为，宗教与科学在研究方法、理论基础、价值目标等方面都存在着差异，两者的对立从来没有消除过。[①] 根据这种观点去分析历史，在宗教与科学的战斗中，以宗教名义构建的种种宇宙论却常常让位于科学理论的前进步伐。但是，这种冲突论的观点也时常存在着诸多的漏洞。如果我们认为在宗教和科学的关系中，宗教历来是错的，科学历来是对的，那未免过于武断。宗教人士并非全都是蒙昧主义者，许多伟大的科学家都曾经公开宣称接受宗教信仰，即便有些宗教甚至是可疑的。实际上，宗教和科学的旨趣

---

① 罗素：《宗教与科学》，徐奕春等译，北京：商务印书馆，1982。

不同，双方的对立并不是两者关系的全部内容，尤其是在17世纪的英国。否则就不能圆满解释西方某些宗教社会里科学发达的现象。[①] 即使是在当代，宗教与科学的冲突关系也是依然存在的。如基因技术的发展就对传统宗教神学、宗教伦理提出了严峻的挑战。

第二种观点是互补论，互补论者认为宗教和科学是相互联系的。它们在社会历史过程中长期共存，相互补充。在人类文明的历史上，宗教与科学常常是一种共存现象，它们各自满足一系列不同的人类需要。宗教是人们指向自我的认识活动，并多半看似是非理性的。宗教认为，整个宇宙（包括人类社会）体现了某种神圣的秩序，要求人们从这个秩序中寻找自己的位置，承担自己的义务，树立并实现自己的生活理想。因此，宗教的前提虽看似荒谬，却体现了人们要求在现实生活中希望达到真、善、美统一境界的愿望，信仰者实际上只是将其作为一种帮助自己达到某种目标的手段进行使用，是一种相当实用的意识和态度。科学是人们指向外部对象的活动，其目的是用概念和判断推理描述外在于人的各种客观过程，它主要回答的是“真”的问题。但人类社会生活不仅需要真，而且需要善，需要统一了真和善的世界。古往今来，许多科学界名流在科学世界表现出对科学信念的强烈追求，同时又有虔诚的宗教信仰，他们有时所持有的有些特定的科学观念常常受到宗教或神学信念的影响。如科学家牛顿虽然在科学上做出了重要贡献，但却笃信创世主的存在，晚年一心想计算出上帝创世所用的第一推动力有多大，后来他甚至“声称太阳系的规则预示了‘一位智慧的、强有力的存在者的计划和统治’”。[②] 科学巨匠爱因斯坦也认

---

① 马来平：《默顿命题的理论贡献》，《自然辩证法研究》，2004(11)。

② [英]约翰·H·布鲁克：《科学与宗教》，苏贤贵译，第19页，上海：复旦大学出版社，2000。

为，宇宙秩序的和谐完美体现出一种神圣的目的。相互补充是宗教与科学彼此联系的另一纽带。

第三种观点是相互包容、相互作用。宗教与科学的相互包容、相互作用经历了缓慢的认识过程。科学处于萌芽时，常常表现为一些经验常识，不足以向人们提供关于客观世界的合理说明。在这种情况下，客观现象不得不依靠宗教来进行解释。在人类文化史上，宗教在一定的意义上可以说是人类文化之母，文学、艺术、政治、哲学以及科学最初都是在宗教这一文化母体中孕育的。经过长期的发展，在人类文明的进步步伐中，科学逐渐摆脱了受宗教支配的地位，发展出独立的世界观和方法论体系。尽管如此，宗教与科学仍有一定的包容、相互作用关系。科学与宗教在社会生活各自的领域内活动，而且到目前为止，科学还不能彻底否定宗教的一切命题。宗教与科学的相互包容、相互作用有利于两者各自的发展。

默顿命题中所集中讨论的宗教和科学的关系，特指 17 世纪英国的清教主义与科学之间的具体联系。默顿认为，清教的价值观曾经帮助了科学在 17 世纪英国的扩张，它肯定了宗教和科学的相互关联性。

从科学发展的阶段来说，英国是具有悠久的实验科学传统的国度。13 世纪时，培根就提出要面向自然，注重实验，反对盲目崇拜权威的思想，主张证明前人说法的唯一方法是观察和实验。英国皇家学会的章程也体现了这种经验科学的传统，章程写道："……再没有什么比提倡有用的技术和科学更能促进这样圆满的政治的实现了。通过周密的考察，我们发现有用的技术和科学是文明社会和自由政体的基础。"[1]波义耳、牛顿、胡克、哈雷、哈维等科学史上的许多重要人物几乎都是皇家学会

---

① [英]贝尔纳：《科学的社会功能》，陈体芳译，第 60 页，北京：商务印书馆，1982。

的会员，他们既受实验科学的熏陶，也对实验科学传统的发扬光大作出了重大贡献。牛顿曾自己动手磨制反射镜，制成了一架小型望远镜，并用它观察了木星的卫星和金星的周相。后来他又制造了较大的望远镜，并把它献给了皇家学会。胡克在皇家学会做了不计其数的实验。[①]

从科学体制形成的特点来说，17世纪的英国，教育的主调逐渐成为经验主义和功利主义的阵地。实验科学逐渐进入大学课堂甚至中学课堂，主要得益于职业兴趣的转移和教育体制的改革。职业兴趣的转移是全方位的，如军人、艺术、医学、宗教、科学等方面。据统计，诗人和教士的人数在17世纪的前70年减少了1.8倍，而医生和科学家的人数在同期都增长了1.4倍。职业兴趣转移的这种实用主义、功利主义倾向使科学成为时尚。功利主义成为人们的行为准则。[②]

默顿认为，不能简单地理解宗教与科学的对立，作为一种文化现象，宗教与科学从不同的侧面反映了人类的向往和追求，体现为不同的价值观念体系，这种文化上的一致性有时又存在着协调和一致。许多宗教行为其实都可以视为一种为了期望中的“回报”而馈赠给神灵的特殊“礼物”，如果从这一视角进行客观的审视，则那些看似非理性的宗教行为，其实与科学行为一样，都是相当理性和经过充分思虑的。因此，两种价值观念体系之间必定具有某种相容性。在默顿命题中，默顿认为这种相容性体现在清教的精神气质中。他认为，清教精神气质的某些观念与科学的精神存在一定的交叉，有时甚至是一种不谋而合。这些观念包括：

---

① [英]亚·沃尔夫:《十六、十七世纪科学技术的哲学史》，周昌忠等译，第86~87页，北京：商务印书馆，1985。

② [美]默顿:《十七世纪英格兰的科学、技术与社会》，范岱年等译，北京：商务印书馆，2000。

功利主义观念。默顿发现，当时英国的清教徒（从事科学活动的许多人都是）普遍地把功利主义作为一条价值标准，认为这是“颂扬上帝”的一种有效方法。默顿认为，清教主义本身给予了科学起码三个方面的功利性。[①] 精神上寻求天国的朝圣者在世俗社会中是没有立足之地的，纯粹的宗教热情过后，人们不得不以功利作拐杖，功利主义成为世俗活动的逻辑发展。正如韦伯所说：“宗教的根慢慢枯死，让位于世俗的功利主义。”功利主义具有的可行性使它成为实践的信条。作为清教精神气质的功利主义通过宗教、教育等活动逐渐融入英国的文化氛围，从皇室成员到平民百姓，从皇家学会到学校教育，都以功利主义为价值标准和行为准则，以事业的成就和对公众有利的行为来证明自己是上帝的子民。正是这种功利主义，使得清教主义同相关的文化结成同盟，于是，科学的最终后果就与功利主义要求不谋而合了。

理性主义观念。清教主义极力推崇理性，强调经验实践。“可能正是在这一点上，清教主义和科学最为气味相投”。也因此使有些科学活动具有很强的宗教意味。在清教看来，理性和信仰并不矛盾，上帝在灌输信仰时，以理性为前提。“那些信仰而不知为何要信仰，或不知道保证其信仰的充分理由的人，才真正对信仰具有一种幻觉、或印象、或梦幻”。这是对科学技术发展有利的一种文化价值观。清教徒非常推崇理性，认为只有人被上帝选中才具有了理性，理性使人区别于原野上的走兽。清教提倡在世俗活动中运用理性，理性不但控制和约束人们的各种欲望，抑制人们的盲目崇拜，而且也是人们灵魂得救的标志之一，所以理性成为教徒们追求的目标。结果，他们“把一种经验—理性主义的地位抬升得如此之高，以致使它被——数度

① ［美］默顿：《十七世纪英格兰的科学、技术与社会》，范岱年等译，第124页，北京：商务印书馆，2000。

被神学家们自己——接受为一种标准用来论证各种宗教信仰的有效性,这种做法为后来的世俗化过程打了一个缺口”。[①] 从科学方面来说,科学是理性的事业,它注重对经验材料的理性思考,强调经验主义和理性主义的结合,这种内在要求无意中又迎合了清教的精神气质。清教的理性主义强调对经验材料的观察和思考,而不仅仅是逻辑上的思辨。所以它根本不同于中世纪的思辨理性主义,与现代科学的内在要求是一致的。

世俗主义观念。由于清教徒信奉善行赎罪说,许多人把个人在职业中刻苦努力看成是必需的,是颂扬上帝的手段,是符合“神召”的一种形式。清教精神气质中的一个主导信念便是“把社会福利,即为多数人的善行,指定为一个必须牢记在心的目标”。[②]清教给世俗活动应有的位置,认为修道士的生活不仅毫无价值,而且放弃现世的义务是自私的,是逃避世俗责任。相反,世俗活动(如劳动)是人们的天职,是人们从“自然状态”进入“受宠状态”的最佳途径。市场上的成功、农田里的果实、实验室里的实验,都能驱散人们心中的疑虑,给人带来恩宠的确定性。相信有条理的、不懈的劳动能使人获得职业上的成功——这是出世的标志,这是值得追求的目标。因为善功是清教徒应尽的职责,于是,用“入世的禁欲主义”,而不是“出世的禁欲主义”原则,要求人们对待生活和工作,要求人们参与世事。所以,培根的论述成为引起英国革命的智力主张也就很容易理解了,培根主张:“人应当以工作证明其信仰之为正当,这一宗教原则在自然这项中也同样适用。证实应当由其结果来证明。”在这一点上,清教与中世纪的宗教有着极大的不同,后者把研究自然、探索自然的奥秘看作是对上帝的亵渎,中世纪的教皇格里高里一世就公开宣称,不学无术是真正虔诚的母

①② [美]默顿:《十七世纪英格兰的科学、技术与社会》,范岱年等译,第104页、127页,北京:商务印书馆,2000。

亲。清教则认为，自然界是上帝的杰作，研究自然、揭开自然的奥秘是颂扬上帝的大智大慧。因此，为了颂扬上帝，许多人选择了科学。这样，“在大名鼎鼎的人物之外，科学又获得了大众性，探索自然奥秘成为时尚”。

### 3. 清教主义与科学的关系

默顿命题中另一个集中讨论的问题，是关于清教主义促进了科学的制度化问题，长久以来这也是学术界争论的焦点。默顿认为，清教主义与科学制度化之间的关系主要表现在四个方面。

第一，在社会基础方面，由于大部分清教徒来自正在崛起的资产阶级和商人阶层，他们适应社会发展的要求，提倡和肯接受新事物，“在某种程度上给当时的科学和知识进步提供了活动场所”，[①]有利于新科学的成长。

第二，在精神方面，清教伦理的重要内容就是与人们的思想感情和信仰密切相连。清教徒把科学研究看作是与上帝沟通的一种方式，“在他们的人生观当中为这些活动找到一个有意义的位置”。[②]当时的清教主义对科学家皈依上帝，对控制自然界以及赞扬上帝方面都起了重要的作用。因此，当时社会上涌现出许多从事科学活动的业余爱好者。如著名的科学家罗伯特·玻义耳、约翰·雷、约翰·威尔金斯、奥特列、巴罗、格鲁、沃利斯、牛顿等等，他们虽专注于科学事业，但并不以科学作为职业。牛顿对近代物理学、力学的发展和数学微积分的建立都做出了卓越的贡献，但他却是一位虔诚的基督教信徒。他研究物理学仅仅是为了证明上帝的存在和上帝在宇宙运行中所充当的“伟大”作用。

---

①② [美]默顿：《十七世纪英格兰的科学、技术与社会》，范岱年等译，第119页，北京：商务印书馆，2000。

第三，在科学认识方面，清教徒把从事科学活动看作是行善的一种方式。英国皇家学会成立于17世纪中期，“在鼓励和刺激科学进步方面，它比任何其他直接因素所起的作用都大一些”。[①] 当时皇家学会的宗旨，就是“无意止步于某种程度的特殊利益，而要深入到一切高尚发明的根底”。他们相信科学具有改善人类的物质条件和环境的力量，在耶稣基督的救世福音教义看来，这是一种善的力量。罗伯特·玻义耳说：“……用不着冒什么风险，就可以认为上帝在创造月下世界和那些更惹人注目的星星时，他的两大目的就是显示他的壮观和人性之善。”[②]可见，科学家时常在清教教义中为他们的态度找到动力、标准和权威。天文学家哥白尼之所以反对当时的教会，是他认为当时的教会曲解了上帝的旨意，自己的理论才是对上帝的较为准确的理解。

第四，在实践途径上，世俗化过程为科学的研究与普及打通了道路。随着功利思想的突出，实用的活动日益被看作是赞颂上帝的有效方式，清教主义越来越强调改造现实，科学便得到了越来越多的肯定。

默顿论证了英国新教观念为科学发展提供了推动力后，提出了下列追问：“在多大程度上，老清教徒转而注意科学（而且，就此而论，转向商业和工业活动）是因为他们的精神气质产生出了这种兴趣，在多大程度上是属于另一种情况，即那些不论出于什么其他原因已经进入科学（或商业和工业）职业的人们，后来发现清教主义的价值对他们是适宜的？”[③]默顿认为，这两

---

① [美]默顿：《十七世纪英格兰的科学、技术与社会》，范岱年等译，第121页，北京：商务印书馆，2000。

② R. Boyle, *Some Considerations Touching the Usefulness of Experimental Natural Philosophy*, p22, Oxford, 1964.

③ [美]默顿：《十七世纪英格兰的科学、技术与社会》，范岱年等译，第26页，北京：商务印书馆，2000。

种过程都在起作用，但程度不是很清楚。也就是说，有些科学信念和宗教信念可能还依赖于隐蔽的社会经济变化的力量。

默顿把清教伦理看作是17世纪英国的文化价值，是占主导地位的意识形态，清教主义与科学精神具有共同的背景假设。“其基本假设‘就是一种广泛传播、出自本能的信念，相信存在着一种事物的秩序，特别是一种自然界的秩序’”。[①] 这种对科学研究具有决定性意义的背景假设，就是来自于宗教观念，来源于清教中的主导价值观念的影响，与科学精神中所追求的价值取向是一致的。

实际上，清教是宗教改革的产物，宗教改革的实质是资产阶级文化的革命，它的倡导既是资产主义经济发展所需要的，也是科学发展所需要的，它推动了整个一个时代的思想解放运动，为近代科学的崛起提供了强大的精神支柱。因此，清教作为一种社会力量，对科学的影响是自然的。作为一种价值观念，它已经成为众人的信仰。爱因斯坦则说：“没有科学的宗教是盲目的，没有宗教的科学是跛足的。”这两者都根植于人类的关怀和人类的努力。默顿还调侃道，清教主义与科学的这种“美满姻缘”是“建立在内在相容性的基础上的；即使到了十九世纪，这两者的离异仍然尚未完成”。[②]

## 二、未尽的争议

在默顿命题中，默顿通过对清教在促进英国科学的制度化进程产生的重要作用进行历史的考察。他不是事先对清教和

①② ［美］默顿：《十七世纪英格兰的科学、技术与社会》，范岱年等译，第150页、183页，北京：商务印书馆，2000。

近代科学的关系下抽象的定义，而是注意到清教和科学在精神气质方面的界限在历史上的变化，主张必须按照当时所理解的清教和科学来看它们在历史中的关系。

默顿命题提出后，一直在科学史界和社会学界存在着争议，随着科学史研究的深入和科学社会学的日渐成熟，默顿命题几乎成为一个研究专题。1986 年，《十七世纪英格兰的科学、技术与社会》再版，默顿又有机会从另一个角度对默顿命题进行进一步的说明。“需要强调的是，这个功能性概念也没有使清教变得无足轻重、无关紧要。恰巧是清教而不是其他可以想像的功能替代物，通过为科学的合法性提供一个坚实的基础，从而推动了科学的制度化。”①1988 年，默顿的论著《十七世纪英国的科学、技术与社会》问世 50 周年之际，西方学术界举行了一系列纪念活动，发表了大量专题讨论文章，讨论更趋热烈，争论达到高峰。

科学的发展从来都不是独立的产物。就科学与社会关系的互动来说，默顿命题所涉及的主要是科学与经济、文化、军事等社会因素的关系即科学与其外部因素的关系，忽略了科学发展的内部因素。因此，如果要从整个科学史的大背景中考察默顿命题的话，难免失之公允。但是，默顿命题的确对科学的实质性变革进行了有限的解释。因此，库恩对默顿命题的评价认为“可以通过对默顿命题的修正而得出说明，而不必抛弃这个命题”。②

默顿命题把清教主义看作一般性社会观念或价值取向，而不仅仅是限于宗教范畴。特殊的社会历史事件总与特定的社会观念相联系，因此把某些观点或概念加以不当的推延，将会

---

① [美]默顿：《科学社会学》，鲁旭东、林聚任译，第 249 页，北京：商务印书馆，2003。

② [美]库恩：《必要的张力》，纪树立译，第 115 页，福建人民出版社，1982。

导致谬误。况且当时的科学活动尚未定型，具有多种成分。科学在争取成为一种独立的社会制度方面才刚刚起步。从科学的概念角度来说，我们对默顿命题的争论这一事实应当保持一定的宽容，对默顿命题所涉及的历史应给予辩证的对待。

### 1.“默顿命题”的理论意义

“默顿命题”最集中的争论是界定清教主义含义，阐述清教主义对科学的作用。对于争论，默顿曾数次作过解释和申辩。他的基本态度是，从认识论的角度看，宗教与科学是不相容的；但从文化的角度看，二者又具有某些共性。①

默顿命题引起的学术争议，说明了默顿命题所揭示的意义所在。默顿承认，一般来说，宗教与科学在许多方面是对立的。但若把当时英国的清教主义看作一种社会价值观、看作文化现象进行具体的历史分析，情况则大不相同。他强调他所关心的是宗教的社会文化含义，而不是它的教义本身，而且认为清教对科学的促进作用是无意中实现的。

概括地说，“默顿命题”的理论意义主要表现在三个方面：

第一，宗教与科学的精神方面。

默顿命题肯定了宗教与科学在文化上的协调一致，宗教精神所包含的执著、勤奋、坚忍不拔等成分，对科学家从事科学研究十分有用。在一定的限度内，这种精神是一种有益的人类精神。爱因斯坦就曾说：“我认为宇宙宗教感情是科学研究的最强有力、最高尚的动机。只有那些作了巨大努力，尤其是表现出热忱献身——要是没有这种热忱，就不能在理论科学的开辟性工作中取得成就——的人，才会理解这样一种感情的力量，惟有这种力量，才能做出那种确实是远离直接现实生活的工

① 马来平：《默顿命题的理论贡献》，《自然辩证法研究》，2004(11)。

作。”[1]因此，在宗教与科学的关系中，两者可以互相利用，科学也可以吸取宗教伦理中的合理成分。

第二，科学与文化的动因方面。

在文化方面，默顿命题开辟了科学发展文化动因研究的新方向。应该说，在默顿之前，许多学者都以各种不同的方式对科学发展的文化因素有所涉猎。例如科学发展与教育的关系、科学发展与哲学关系等等。默顿则强调了文化因素在科学发展中的作用。他通过经验研究说明了这样一种观点：“科学的重大的和持续不断的发展只能发生在一定类型的社会里，该社会为这种发展提供出文化和物质两方面的条件。”[2]尤为突出的是，默顿在研究科学发展的文化动因时，并无意过分夸大文化因素对科学发展的作用，而是既反对片面夸大阶级因素作用的庸俗马克思主义观点，也反对片面夸大精神文化因素作用的“唯心主义”，认为经济因素和文化因素“这二者对科学的合法化起着互相支持的作用，并且各自为科学的合法化作出独立的贡献”。[3]

第三，科学与社会的关系方面

“默顿命题”表现的是17世纪英国的科学与社会的关系，这种关系是多元的。在《十七世纪英格兰的科学、技术与社会》中，默顿以“十七世纪英国科学发展的一些与社会学有关的方面”，而不是这个时期科学、技术与社会的历史的全部为主题，论述了17世纪英国的文化背景和价值观念对科学技术的巨大推动，著作特别关注近代科学受欢迎和赞成的某些文化根源，考察了科学体制化形成的一些条件，同时阐述了经济、军事需要对科学技术的促进作用，是一项关于近代科学的出现和组织

---

① [德]爱因斯坦：《爱因斯坦文集》（第一卷），第282页，北京：商务印书馆，1976。

②③ [美]默顿：《十七世纪英格兰的科学、技术与社会》，范岱年等译，第14页、16页，北京：商务印书馆，2000。

制度化的社会和文化背景的经验性研究。默顿的《十七世纪英格兰的科学、技术与社会》内容涉及四个方面的问题：(1)通过分析科学与其它社会领域之间的关系，说明科学的制度化过程，是对当时科学所处历史境遇的审视；(2)分析科学作为一种逐渐形成的社会制度与其它社会制度之间的互动方式，例如宗教之间的互动；(3)分析早期科学和技术之间结合形式；(4)考察当时经济和军事对科学研究问题选择的影响。

几个世纪以来，科学不仅创造了巨大的社会生产力，使人类步入前所未有的发达阶段，而且为人类的自由和解放、为人类的全面发展开辟了广阔的前景。然而，到了现代社会，当核武器、人口爆炸、环境恶化、生态失衡等威胁人类自身时，人们发现在科学与社会关系中，科学技术常常处于被动适应的地位。应该如何控制科学技术向社会各个领域的渗透，处理科学技术与社会发展之间的关系，体现对人类价值的终极关怀，默顿通过对历史事件的发掘，为探索科学与社会的互动关系提供了一个新视角。

对默顿的科学社会学思想体系来说，"默顿命题"提供了研究素材，开创了理论研究范围的新领域。默顿把科学看作一类社会活动，探讨它的自主化过程及其与其它社会制度(经济、军事、宗教等)之间的关系。尽管早期默顿的科学社会学思想尚未成熟，但"支配着这一经验性探究的一个主要的社会学思想认为，建立在一个社会体制领域——比如说，宗教的或经济的领域——内的兴趣、动机和行为的社会形式，同其他体制领域——如科学领域——的兴趣、动机和行为的社会形式具有相互依存的关系"。[①] 库恩对默顿的学术成就给予了很高的评价。他认为，默顿在《十七世纪英格兰的科学、技术与社会》中提出

① [美]默顿：《十七世纪英格兰的科学、技术与社会》，范岱年等译，第4页，北京：商务印书馆，2000。

了一种关于“大文化”如何影响科学发展的概念，这个概念应当被结合到科学史的发展必须遵循的新“方向”之中。默顿命题的研究为科学史的研究提供了新的范例，它在一定程度上改变了过去科学史只强调思想史的弊端，改变了一些过分强调社会经济因素的决定作用的错误。

### 2.“默顿命题”的学术影响

默顿命题不仅在科学社会学思想史上具有很高的学术地位，对于科学史、科学哲学、宗教学以及涉及科学与社会关系的研究领域都产生了十分广泛、深远的影响。按照科技哲学理论中，“研究始于问题的”说法，默顿命题实际上是一个“宗教—科学问题”。与历史上各种单一论点不同的是，默顿命题可以扩充为一个研究纲领，它不是对宗教与科学之间复杂关系的概括与抽象，而是一个启发性的提法，其目的在于为人们研究“宗教—科学问题”提供一个研究平台。

默顿反复声明，清教主义并不是影响近代科学制度化的唯一因素。清教主义并不能直接导致科学制度化，只是因为与科学的内在要求和外在后果有某种相容性，从而为科学制度化提供了适宜的文化土壤。“研究所提出的解释，假定了一种对尚未制度化的科学提供社会形式和文化形式支持的功能性要求；但它并没有预先设定只有清教才能够承担这种功能。清教主义在那个历史时期和地点提供了主要（但不是独一无二）的支持，这是历史上发生的情况。但这并没有使它成为不可或缺的条件。”①

默顿认为，默顿命题的立场是致力于科学的历史社会学中的一种多元分析性解释，是一种综合论。默顿应用计量分析法

① ［美］默顿：《科学社会学》，鲁旭东、林聚任译，第249页，北京：商务印书馆，2003。

对著作中的论证材料的篇幅进行了统计，统计结果表明，“其中之一讨论的是清教在科学的制度化中的作用，另一讨论的是经济和军事在这一过程中的作用”。[①] 默顿承认近代科学的制度化是一个漫长的过程，有科学自身发展规律的作用，也有科学外部诸社会因素的影响，除清教主义这种文化因素外，他也注意到了经济、军事、社会等因素的作用。但不知为什么，大多数的人在论及默顿的《十七世纪英格兰的科学、技术与社会》的主题时，都对其中的“默顿命题”记忆突出，而对整个著作的思想和主题并不十分明了，这也许是“默顿命题”的又一种影响吧。

默顿命题的价值在于它揭示了清教主义与近代科学在17世纪所发生的多方面、多层次相互作用的微妙性、复杂性和多样性。默顿运用经验研究方法获得了大量经验材料。这些生动的素材对于理解科学的本质，理解科学与社会的关系提供了进一步研究的基础，具有重要的启发意义。在这个问题上，或许人们可以不赞成它的结论，但决不能无视它所提供的大量关于17世纪英国清教与科学互动的经验材料。默顿命题不但在科学史上很重要，而且对于理解科学的社会历史研究、对于研究默顿科学社会学思想的形成及其科学社会学理论体系的演变都有重要的意义。

当然，宗教和科学的关系问题还存在许多其它观点，宗教与科学的关系随着时代的变化而变化。对于它们之间的恰当关系究竟是什么，向来意见纷呈。可以预言，在未来科学高度发达的时代，宗教仍会有自己的地盘，即科学的高度发达并非是宗教消亡的充分条件。这个主题是如此的丰富，以至于每一个观点都需要用复杂的方法进行论证。无论人们如何看待宗教与科学的确切关系，都不能否认这个问题对于科学史研究的

① [美]默顿：《科学社会学》，鲁旭东、林聚任译，第250页，北京：商务印书馆，2003。

重要性。典型的观点都期望诉诸历史来为自己寻求证明。

总之，科学与宗教之间的关系是一个十分复杂的主题。这是一个容易表述却难以回答的问题。默顿命题其实并没有也不可能完全说明它们之间到底是冲突还是相容，而是要求从文化角度，从社会的大背景出发，整体性地分析当时所发生的事件。我国山东大学的马来平教授则认为L："《十七世纪英国的科学、技术与社会》最突出的成就乃是'默顿命题'的提出。"[①]我国社会学家林聚任认为，默顿命题"如同'李约瑟难题'一样，本身是一个复杂的历史问题"。[②]

① 马来平：《默顿命题的理论贡献》，《自然辩证法研究》，2004(11)。

② 林聚任：《清教主义与近代科学的制度化——默顿论题及其争论和意义》，《自然辩证法通讯》，1995(1)。

# 第三章

# 科学家的精神气质

1938 年以后，默顿科学社会学思想逐步走向明晰，他对科学问题的研究逻辑线索明显地发生了转变：从对科学制度与其它社会制度不同关系的分析，转变为重视科学活动的目标与主体之间的关系，强调科学的精神特质并对其核心内容进行社会学、哲学分析，提出“默顿规范”问题。默顿关于“科学场”（布尔迪厄语）中规范问题的研究，对科学社会学理论的发展产生了重要的影响，拉开了默顿科学的社会研究的帷幕。

## 一、默顿的科学技术观

科学技术观是人们对科学及科学世界的作用的总的看法，是每个人对科学及其问题的思考方式，或怎样面对科学及论点的研究方式。默顿是一位社会学家，默顿对科学的认识不可能像科学家一样内容涉及自然观、科学认识论、科学方法论等。

他对科学发展及其结构的分析是建立在社会学基础上的，默顿科学观的特点是基于社会学视域的"科学观"。例如，在《十七世纪英格兰的科学、技术与社会》中，默顿把科学理解为"一种不断发展的智力活动"，"一种正在出现的社会组织"。这种理解使默顿得以撇开科学的知识内容而从严格的社会学角度研究科学。默顿在《科学的规范结构》中，虽然其核心内容是对科学规范的分析，但目的是为了强调科学研究的社会功能的保障与实现，"术语常常为倾向性提供某种线索"。① 默顿对科学的考察是围绕其社会分析进行的，他不是为了科学研究而进行材料的选择，而是为了做社会分析进行现象的选择，他选择的内容是"与关于科学的标准化的社会思想情操有关"。②

### 1. 默顿科学观的主要内容

默顿对科学进行社会学分析，对科学规范的描述是建立在其科学观基础之上的。具体地说，包括以下几个方面的内容：

第一，关于科学的性质与目标。

默顿的科学观基本上属于实证主义传统。在他看来，科学是真理，科学的发展是真理的不断积累。默顿在《十七世纪英格兰的科学、技术与社会》一书中，对科学的制度化过程进行过详细的考察，对科学与社会诸因素的关系梳理使他认为，知识必须在经验与逻辑上取得一致，它存在于社会文化中。因此，应该从知识体系的逻辑结构和社会经验中去把握科学的性质。对科学性质的把握对于科学发展、社会发展，都具有十分重大的意义。

默顿认为科学具有自主性。科学不应该沦为神学、经济学

---

① 科塞：《社会冲突的功能》，孙立平译，第 8 页，北京：华夏出版社，1989。

② ［美］默顿：《科学社会学》，鲁旭东、林聚任译，第 363 页，北京：商务印书馆，2003。

或国家的婢女，科学的内容反映了客观世界的现象与规律，任何人的和社会的因素的渗入，都只能造成科学知识的失真，妨碍科学的正常发展。“科学要求具有相当大程度的自主性，并已形成了一种制度化的保证科学家忠诚的体系”。“现代科学有一个基本的假定：科学命题‘不受个人因素影响’，也不受群体因素影响”。[①] 如果科学受到其他机构的控制，那么它在社会中的地位就会变得不稳定。对社会来说，科学是发展社会生产力的重要动力。对科学组织和科学家来说，就是必须让工作方式符合基本规范。科学家是社会组织的一部分但又是独特的一部分，在这方面的作为就是拒绝把功利性规范应用于其研究工作。不过，默顿也承认，“科学研究不是在社会真空中进行的，其影响也会渗透到其他价值和利益领域之中”。

从社会体制的角度看，科学最根本的社会属性就是一种社会规范或精神气质，这种精神气质表征着科学家普遍遵守的价值规范的总和，用默顿的话说，即是：“约束科学家的有情感色彩的价值和规范的综合性。”例如，在科学的优先权之争事件中，“尽管没有宣布谁享有优先权，但是应当注意，科学的知识并不因得到了应该给予的荣誉而变得更加丰富些或更加贫乏；由于一而再、再而三不能公正地分配荣誉而受到伤害的，正是科学的社会制度和科学家个人”。[②]

科学的目标虽不能用定义的方式一劳永逸地固定下来，但作为人类活动的一个范畴，其直接功能是不断探求客观世界的知识。默顿认为，科学的目标就是“扩展被证实了的知识”。[③] 科学是一个研究范围广泛的术语。通常可以用来指：“(1)一组特定的方法，知识就是用这组方法证实的；(2)通过应用这些方法所获得的一些积累性的知识；(3)一组支配所谓的科学活动的

---

①②③　[美]默顿：《科学社会学》，鲁旭东、林聚任译，第351页、416页、365页，北京：商务印书馆，2003。

文化价值和惯例;(4)或者上述任何方面的组合。"[①]这是默顿对科学进行的简单的概述。其实,科学所指,通常要比这些内容还更广泛。与科学概念密切相连的是知识范畴,默顿对知识的范畴也进行了探讨。默顿指出:所谓知识,就是"经验上被证实的和逻辑上一致的规律的陈述"。[②]理论则"是指逻辑上相关联并能推导出实验一致性的一组命题"。[③] 一直以来,科学史受传统历史观的影响,认为科学和知识的增长是一个客观积累的过程,被写成正确知识的连续积累。默顿对科学目标的界定和对知识的主张,与这种观念是密不可分的。

在默顿的研究范畴中,科学是一项制度,它不同于经济制度、政治制度,科学制度有它自己的问题,默顿不仅指出了这一点,还用他的智慧和学识为科学制度建立了一个分析的概念框架,这就是他的科学社会学思想。默顿认为,"像其他的社会制度一样,科学制度也有其自己特有的价值观、规范和组织"。[④]例如,科学有自己的分配奖励系统,有推动自身进步的理论基础——独创性要求,科学的性质受社会结构的决定,科学不仅有自己的发展目标,也有自己的基本原则。在默顿的科学观中,这个进步原则就是他著名的四个科学规范,科学规范意味着科学目标限制科学成员的行为。默顿还考察了科学制度在社会文化结构中的作用、地位及其影响,认为"科学像任何其他具有社会协作性的活动一样,也受到多变的命运的支配"。[⑤]也就是说,随着科学的发展,科学组织的增多为科学社会学研究提供了实际理由,而科学规范的遵守为这种研究提供了社会学案例。

第二,关于科学活动的主体。

---

①②④⑤ [美]默顿:《科学社会学》,鲁旭东、林聚任译,第362页、365页、440页、361页,北京:商务印书馆,2003。

③ [美]默顿:《论理论社会学》,何凡兴译,第54页,北京:华夏出版社,1990。

在默顿的科学观中，科学活动的主体——科学家和科学的社会组织是默顿考察的主要内容。

关于对科学家的分析，默顿应该是最有发言权的。这不仅因为他的科学社会学理论的研究主体是科学家，他当之无愧应对所研究的对象进行深入的观察、分析。默顿理论的反对者则是从其对立面为默顿进行了论定。有学者在批判默顿理论时称，默顿的科学社会学理论充其量只能称之为是"科学家"的社会学理论，其理论仅仅是科学内部小社会系统的特征描述，是一种"理想类型"。不管从什么角度理解这些话的意味，本文以为，这恰恰说明了从科学家和科学的社会组织角度来说，默顿的科学社会学理论是"盛名之下"，"名副其实"的理论，起码它没有忽略科学家和科学共同体这个主体。

默顿对科学家和科学群体的关注，是基于对科学中社会结构基本要素的分析。例如，这些科学群体和组织结构如何兴起？在什么条件下可以使他们保持旺盛的探索热情？如何推进科学家对客观知识的扩展？默顿的研究，为回答这些问题提供了非常独特的机会。科学共同体是由同一个科学专业领域中的工作者组成，他们都经历过相似的教育和专业训练，由于准入门槛的特殊性，作为一种非正式群体，它比家族和派系人数多而且持久，但比整个社会和民族小，便于研究性接触。由于科学共同体是为了特定的目标而组织起来的，要素容易被识别和分类，构成和规模已经很清楚，可以从正式的期刊、网络、团体中得到组织的各种分析变量，给社会研究更强的目的性，包括许多科学案例，都揭示了科学家成员行为的框架。

在默顿科学社会学体系中，他一贯将科学家置于一个重要的位置上来考虑，科学家是科学规范中的实施者，科学家的心理矛盾是探索科学承认复杂性的一个入口，科学家是科学事件中的受益者，争取奖励、获得承认、甚至更直接地争夺到优先权，加剧了承认系统与规范结构的组成部分之间的紧张和矛盾，导致了科学家之间的内部冲突。默顿认为，在许多情况下，"科学家的生活方式受到了挑战，他们受到了震动，进入了敏感的自我意识状态：即对作为社会整体的一个要素、并具有相应的责任和利益的自我的意识"。[①] 在遵守科学规范方面，科学家是其中的主角，科学共同体演绎了社会结构的一个侧面。"社会结构的效度最终依赖的，是带着合适的态度和情感并受到鼓舞的团体参与者。"[②]也就是说，在科学社会中，科学家的团队精神有赖于各成员对规范的理解。

第三，关于科学的规范。

对科学规范的预设与建构是默顿科学观中一个重要的内容(本文在后面的一部分中将进行详细论述)。默顿科学社会学思想的各个环节几乎始终如一地贯穿着一个主题：科学规范问题。诸多学者对默顿科学社会学思想批判的核心也是针对其科学规范理论的，默顿科学规范的内容是非常丰富的，贯穿在整个规范中的宗旨是为了扩展科学知识。科学规范问题是默顿科学社会学思想中的"风暴中心"。

不同的社会群体基于社会文化背景、职业地位和政治地位的差别而形成的价值观和行为规范。默顿坚信，科学的目标和方法决定了科学家的行为规范。为了达到对科学的思考更有的放矢，他把科学规范预设为科学制度中的一个重要内容，相对于科学的目标而言，行为的组织和控制本身并不是目的，它们只是完成任务的手段。因此，默顿将他对科学的思考锁定为对"束缚科学方法的惯例"方面的思考。也就是说，默顿对科学

---

① ［美］默顿：《科学社会学》，鲁旭东、林聚任译，第 362 页，北京：商务印书馆，2003。

② Merton，"Bureaucratic Structure and Personality"*in Social Theory and Social Structure*，3rd ed，p252～253，New York：Free Press，1958.

规范进行的一系列考察是建立在他的科学观基础之上的。默顿对科学系统科学家社会行为的分析和科学制度中各个机制的分析，都是围绕对科学规范的遵守与替代，科学规范问题是默顿科学社会学思想的中轴线。任何对这个命题的偏离和疏密关系都可能引起科学的行为系统、奖励系统、评价系统的结构或功能的震荡。

第四，关于科学与社会的关系。

科学与社会的关系是一种相互作用与反作用的关系。科学的社会功能现在已经成为一种共识，在于为整个社会系统的运行和发展服务。科学技术不仅推进了人类物质文明的昌盛，也推进了人类精神文明的进步，促进了社会结构的变革。默顿认为，“科学的主要目的是促进知识的发展，它并不关注与直接利益相关的结果，但是这些社会结果会起反作用，从而影响到原来的目的”，“科学的产物不再被认为是绝对能带来福利的”。因此，我们必须对“科学的社会结果必定是有益的”这条信念进行澄别，不能把科学真理与科学的社会效用相混淆。[①] 默顿把对科学的社会作用放在社会的角度进行了新的判断，引起了人们的思考。其实，关于这个问题的不同认识也并非始自默顿，只不过经历了上世纪的两次世界大战后，问题又以更加尖锐的形式摆在了人们的面前。

科学与社会关系的协调，要通过社会生活的许多方面进行调整。事实上，科学与社会之间是存在矛盾的，有时还会引发一定的冲突。默顿从社会学的角度对引发冲突的问题根源进行了剖析。他认为下列情形容易激化两者之间的矛盾：“当科学知识的应用产生了并非是人们所希望的社会结果时，当科学家的怀疑态度直接触及到了其他制度的基本价值观时，当政治

---

① [美]默顿：《科学社会学》，鲁旭东、林聚任译，第 355～356 页，北京：商务印书馆，2003。

的或宗教的或经济的权威的扩展限制了科学家的自主性时，当反理智主义对科学的价值和完善提出疑问时，以及当人们对科学研究的适当性提出非科学标准时。”[①]这些矛盾与冲突可能会对科学的发展产生威胁，科学与社会秩序的维持是现代社会走向文明的保证。因为“制度结构的变迁可以削弱、改变或者可能阻碍科学事业的发展，这一点将变得日益明显”。[②]

科学与社会之间的关系问题一直是默顿的研究重点。默顿历史性地预见说：“只有到了科学本身被广泛当作为某种社会问题或引起社会问题的一个富源的时候，对于系统地研究科学和社会的相互作用，社会学家们才会严肃加以对待。”[③]1970年，默顿在他的《十七世纪英格兰的科学、技术与社会》再版前言中谈到：“就其最一般的方面而言，本论文所提出的主要问题今天仍然与我们同在。社会、文化与科学之间相互作用的模式是什么？在不同的历史背景内这些模式的性质和程度发生变化吗？……”[④]其实，时至今日，这个问题依然是个未解之谜。

### 2. 默顿技术观的特点

虽然前面我们已经将默顿的科学观定性为一种基于社会学视域的“科学观”。但是这并不是说默顿是科学的门外汉，默顿科学观有一个专业之处，就是其科学观并不包括对技术的认识。默顿是从事科学的社会研究者中较早具有这一觉悟的学者。他在写作《十七世纪英格兰的科学、技术与社会》时，就“自始至终相当清楚地对科学和技术加以区别，而据我回忆，在写作本论文期间，并不是所有人都一律坚持这个必不可少的区

①② [美]默顿：《科学社会学》，鲁旭东、林聚任译，第360页、344页，北京：商务印书馆，2003。

③④ [美]默顿：《十七世纪英格兰的科学、技术与社会》，范岱年等译，第2页、3页，北京：商务印书馆，2000。

分，甚至时至今日，它还常常被弄得模糊不清”。[①] 默顿不但对科学和技术进行了区分，而且认为技术与科学之间存在一定的关系，技术具有特定的社会功能。

技术既是一种认识现象，又是一种社会现象。近代以来，科学突飞猛进的发展带来了生产技术的新突破，技术演变为内容丰富的独立体系，推动了社会生产力的巨大进步。技术的进步不仅为人类认识和改造自然提供了锐利的武器，也为科学认识和研究的发展提供了新课题、新工具、新手段等。科学通过改变人们的思想，提高人们对自然界的认识；技术则直接地通过人们变革自然的物质活动来改变社会的面貌。技术的发展对社会的影响越来越大，技术的作用应当受到社会的重视，应当受到关注科学技术的研究者的重视。

默顿认为技术与科学之间存在一定的关系。“对技术成果的反感针对的是科学本身”。例如，当新发现的气体或爆炸物被用来作为军事之用时，人们便对整个化学产生疑问，非难科学，提出科学应对提供毁灭人类社会的工具负责。技术应用出现的另一个值得思考的后果是，新技术的推陈出新使人们越来越多地为技术产物所困扰，一部分人由于害怕被新技术淘汰而转向反科学运动。“科学进展的技术标准对于科学也具有社会功能。由于技术、并且最终是由于科学所产生的不断提高的人类舒适与便利会引来社会对科学研究的支持。它们也证实了科学家的正直，因为不能为外行人所理解或评价的抽象而艰深的理论，大概可以用一种所有人都能理解的方式得以证明这种方式就是它们的技术应用”。[②]

---

① [美]默顿：《十七世纪英格兰的科学、技术与社会》，范岱年等译，第 8 页，北京：商务印书馆，2000。

② [美]默顿：《科学社会学》，鲁旭东、林聚任译，第 353 页，北京：商务印书馆，2003。

## 二、UCDOS——“科学场”的行为准则

默顿科学规范是默顿科学社会学的核心，它解释了科学共同体成员如何在规范的指导下从事科研工作，以及科学的社会运行如何在科学规范的框架内展开。“四种制度上所必需的规范——普遍主义、公有性、无私利性以及有组织的怀疑态度，构成了现代科学的精神特质。”①

学术界通常将默顿在发表的《科学的规范结构》一文的这四个基本规范（尽管译法各异）：普遍主义（Universalism）、公有性（Communism）、无私利性（Disirestedness）和有条理的怀疑主义（Organised Skeptcism）统称为默顿科学规范或默顿规范，缩写为UCDOS，有时又称为科学的“精神气质”（ethos of science）。

默顿指出，“科学的精神特质是指约束科学家的有情感色彩的价值观和规范的综合体。这些规范以规定、禁止、偏好和许可的方式表达。它们借助于制度性价值而合法化。这些通过戒律和儆戒传达、通过赞许而加强的必不可少的规范，在不同程度上被科学家内化了，因而形成了他的科学良知，或者用近来人们喜欢的术语说，形成了他的超我”。② 正是有了科学的精神气质，科学才获得了成为一种社会建制的资格。

1942 年，默顿在《法律社会学与政治社会学杂志》（Journal of Legal and Political Sociology）发表了论文《论科学与民主》，1973 年该文重印于斯托勒主编的《科学社会学》（The Sociology of Science：Theoretical and Empirical Investigation）中，题为

①② ［美］默顿：《科学社会学》，鲁旭东、林聚任译，第 365 页、363 页，北京：商务印书馆，2003。

《科学的规范结构》(The Normative Structure of Science)。在这篇论文中,默顿提出科学作为一种社会建制,其制度性的目标是扩展被证实了的知识,这一目标决定了科学方法的实证性,规定了科学家的行为规范。

默顿对科学规范问题觉悟较早。他在博士论文中,对科学体制化的要求必须具有一套科学规范就有所意识。他说:"一旦科学成为牢固的社会体制之后,除了它可能带来经济效益以外,它还具有了一切经过精心阐发、公认确立的社会活动所具有的吸引力。……社会体制化的价值被当作为不证自明、无需证明的东西。但是所有这一切在激烈过渡的时期都被改变了。新的行为形式如果想要站住脚……就必须有正当理由加以证明。一种新的社会秩序预设了一套新的价值组合。对于新科学来说,也是如此。"[①]表明默顿已经意识到近代科学在实现了体制化以后,将具备一种新的价值组合。1938 年,默顿在《科学与社会秩序》一文谈论科学与整个社会秩序的关系时,就比较直接地提出了科学精神气质问题,说明科学以其本身的精神气质有别于社会的其它部分。他当时已经关注到科学规范的历史起源和变化,但还没有把这种精神气质条理化,只是松散地涉及了精神特质的构成,没有明确地提出科学家的行为规范。

默顿的《科学的规范结构》在发表时用了一个相当含糊的标题:《论科学与民主》。"从亚里士多德所谓论述全面的论文这一传统意义上讲",这篇论文也许是默顿的所有文章中"最不'完善的'一篇,然而它却是科学社会学史中最为重要的文献之一"。[②] 在这篇论文中,默顿一改先前知识社会学研究的论述方

---

① [美]默顿:《十七世纪英格兰的科学、技术与社会》,范岱年等译,第 122 页,北京:商务印书馆,2000。

② [美]默顿:《科学社会学》,鲁旭东、林聚任译,第 305 页,北京:商务印书馆,2003。

式，完全摆脱了社会中的知识这个相当复杂又含混不清概念的影响，集中讨论科学共同体的内部规范结构，特别是从事科学活动的人即科学家的行为规范结构，从体制内部考察科学的自主运行问题。从结果上来看，这篇论文系统地阐述了科学的规范结构，成为奠定默顿科学社会学思想的重要依据。但是，由于所刊杂志要求论文必须简练，论文无法深入探讨这一问题，为默顿范式的批评者提供了一个便利的把柄。尽管默顿本人后来对其进行了多方解释，默顿弟子在维护、发展默顿科学规范时进行了很多研究，科学规范问题仍然成为学界的商榷主题。

### 1. 科学的规范结构

(1)普遍主义

普遍主义是指科学是客观的、非个人的。其含义主要有两层：一是指评价科学知识的唯一标准是与观察和被证实了的知识相一致，而与发现者的个人属性和社会属性无关。默顿认为，“关于真相的断言，无论其来源如何，都必须服从于先定的非个人性的标准：即要与观察和以前被证实的知识相一致”。[①]这就是说，对科学知识评价的唯一标准是客观的，不受发现者的其他属性影响，例如性别、种族、信仰、年龄、国籍、宗教、阶级、政治立场以及个人品性等等。在科学的价值系统中，对可重复性的接受已成为客观知识的划界标准。默顿普遍主义建立的基石正是这一点，它意味着科学知识的稳定性是可以重复接受检验的，对大多数科学家来说，这是一个公理。在社会的价值系统中，普遍主义就像是一条整合的纽带，使得从事科学活动的人可以根据共同的原则和标准进行研究、交流、传播。

① [美]默顿：《科学社会学》，鲁旭东、林聚任译，第365页，北京：商务印书馆，2003。

普遍主义原则甚至可以成为一种向导，引导科学家走出研究室走向广阔的社会。

普遍主义的第二层含义是指科学领域是向一切有才能的人开放的，任何人都具有从事科学研究的机会。“要求在各种职业上对有才能的人开放。”[①]科学作为一种职业，这种职业具有开放性。职业选择和评价的唯一标准是人们的角色表现及其研究成果质量，科学事业的大门向所有有才能的人敞开，不论财产多少、社会地位高低、社会属性如何，只要有能力担当科学研究的重任就应该被吸纳到科学家的队伍中来。

从根源上来说，西方普遍主义思想的形成是有社会历史条件的。在特定的宗教观念影响下，派生出了两种理念：一是上帝面前人人平等，一是神正论。经过中古时期基督教教化的不断扩展，个人在人格上平等的观念已经深深根植于人们的内心之中。在科学活动中，从事活动的各方同为“上帝的选民”，必须一视同仁。在各种职业中恪尽职责、探求真相被诠释成响应“神的召唤”。这种对上帝的共同信念逐步演化为一种力量，并最终使普遍主义得以确立，成为支配西方社会人际关系的主要范畴。

普遍主义演变为科学的精神特质之一后，就成为支撑科学活动的客观性准则，为扩展被证实的知识提供了强大的助力。首先，它使科学活动的参与者在心理上互相产生平等感，在研究成果的认定上有一致的目标，参与者越多，科学活动的效益就越显著，对科学的推动作用就越大。其次，普遍主义支持了法治精神，有利于科学体制化的确立和运作，讲究原则、尊重规则成为大多数西方社会成员恪守的行为规范，法制社会为科学行为提供了较稳定的预期，科学探索得到了良好的维持。第三，普遍主义有利于科学活动的组织，有利于同时应付多种环

---

① ［美］默顿：《科学社会学》，鲁旭东、林聚任译，第368页，北京：商务印书馆，2003。

境需求，有利于科学的社会结构关系的调整。普遍主义准则下科学家可以根据自己的实际选择进入或退出科学领域，使科学界保持适当的流动性，这是科学活动优化组织结构、配置资源的内在要求。在实践上，普遍主义应用的目的是为了防止科学评价过程中，人和社会因素对科学知识的干扰。这些因素的侵袭有可能使非科学的东西混进科学，把真正科学的东西排除在外，造成妨碍科学、压制科学的恶劣后果。

(2)公有主义

公有主义是指科学发现是社会协作的产物，它是一种社会公共财富。它们不仅仅归属于发现者或“科学共同体”，而是属于人类的共同财产。科学成果应该被公开，科学家对他们的知识财富的要求限于承认和尊重方面。科学真理的产权由于科学伦理的基本规范降到了最小的程度，发现者对知识“财产”的要求仅限于获得“承认”和“尊重”，而没有任何特权，不能随意使用和处置它们。科学界可以以人名命名、荣誉奖等方式奖励新发现的贡献者，并承认优先权。但即使用人名命名定律和理论，也并不意味着发现者及其后代具有所有权，科学界的惯例也没有给予他们特权去随意使用和处置。默顿认为，“科学上的重大发现都是社会协作的产物，因此它们属于社会所有。它们共同构成了公共的遗产，发现者个人对这类遗产的权利是极其有限的”。[①] 科学家在普遍主义的基础上做出的科学成果不属于任何个人，即便是利用其他形式承认，也只能是通过对定律、定理、规则等等命名的形式实现的，并不代表别的意思，默顿强调“权利是极其有限的”。

另外，“科学的公有性还反映在，科学家承认他们依赖于某种文化遗产，他们对这种遗产没有提出不同的要求”。[②] 即任何

---

①② [美]默顿：《科学社会学》，鲁旭东、林聚任译，第369页、371页，北京：商务印书馆，2003。

人的科学成果都是建立在前人知识的基础上完成的，正如牛顿所说“如果说我比别人看得远些，那是因为我站在了巨人的肩上”。所以科学发现必须依赖于前人的文化遗产，对自己的发现不能有所特殊要求，要把发现作为遗产留给后人。

公有主义的作用是促进科学家重视科研成果，只有做到这一点，才能有利于科学的发展。公有主义要求科学家公开科研成果，即科学家只拥有科研成果的发现权，而不享有占有权。公有主义代表了科学家的权利，代表了科学家的一种责任。公有主义强调科学成果的公有，每一个科学家都有权利去享用科学的公共财富，并通过交流来获得科学共同体的评价与认同；同时，公有主义也强调科学活动中的交流，即科学家研究成果的价值、科学家在科学共同体中的地位评判都需要通过公有的交流准则来实现，目的是防止人为因素对科学的不良影响，在科学交流过中，应当接受社会和科学组织的共同监督。从知识产权上来说，应当树立科学属于全人类、属于全社会的观点，科学家的权利就是“善假于物”，以研究成果获得科学界的承认和尊重。科研成果应当便于他人进行利用，最终达到促进科学不断进步的目的。

(3)无私利性

无私利性的含义是指科学家从事科学活动的目的是发展科学知识而不是任何个人利益。即科学家从事科学活动要严格遵守“为科学而科学”的信念，而不能考虑利己的因素，在行为上要诚实，严禁弄虚作假或欺诈行为。默顿认为，“无私利性既不同于利他主义，也不是对利己主义感兴趣的行动”，“科学研究包括其成果的可证实性，实际上都要受到同行专家的严格审查……”，“科学领域跟其他的职业领域有所不同。科学家并不以相同的方式去面对外行当事人……”[①]对于无私利性的确切含义人们有不同的理解，有人认为：这条规范的意思是科学家从事科学研究的唯一目的是扩展被实证了的知识。我国学者曹南燕认为，[②]作为科学家行为规范的“祛利性”既不是科学家只应“为科学而科学，不追求科学的功利价值”，也不是指科学家只能“利他”、不应“利己”，甚至不是指“科学知识实际上与价值无涉”。科学的“祛利性”的实质是从制度上控制了科学活动中的偏见和错误，让科学更好地为人类利益服务。

默顿的无私利性规范认为，科学家从事科学的动机是去私留公，在承认科学成果的过程中去利存真。科学研究的境界是为了推进科学的进展，除此之外，科学家不应强求任何个人利益。无私利性原则要求科学家利用“科学”追求“利益”需要遵循一定的规则，不能要求生产出来的科学知识直接为生产者自己的“利益”服务，因为利益会导致盲目和偏见。“科学共同体需要在制度层面，以‘有经验证据’和‘逻辑上一致’为条件，排除科学知识产品中因个人利益导致的偏见和错误，使科学知识逐步从不太可靠的个人知识转化为比较可以依赖的公共知识。”[③]

科学活动的目的研究是科学社会学中的重要问题。研究者的出发点不同，观点就不同。近年来建构论者纷纷提出了各自的看法。例如，谢廷娜认为，将科学家说成是探求真理是一种误导，因为他们把科学领域本身当成了竞争的焦点，科学家在科学实践中是为了获得奖励而进行交换。[④]

---

① [美]默顿：《科学社会学》，鲁旭东、林聚任译，第374页，北京：商务印书馆，2003。

②③ 曹南燕：《论科学的“祛利性”》，《哲学研究》，2003(5)。

④ 赵万里：《科学的社会建构》，第222页，天津人民出版社，2002。

(4)有条理的怀疑主义

有条理的怀疑主义是指,科学家对于自己和别人的工作都不要轻信,应该持一种有根据的怀疑和批判态度。无论知识在确证之前还是之后,也不管来源如何,科学家要对所有知识保持审慎的怀疑态度,不能无条件的接受。默顿认为:“它既是方法论的要求,也是制度性的要求。按照经验和逻辑的标准把判断暂时悬置和对信念进行公正的审视,业已周期性地使科学陷于与其他制度的冲突中了。”①

这条原则涉及两层含义,一是科学家对真理的探求是无畏的,态度上不盲从,不守旧;二是这种怀疑要服从一定的准则,要受科学共同体的约束。“科学向包括潜在可能性在内的涉及自然和社会方方面面的事实问题进行发问。”②具体地说,有条理的怀疑主义是出于三方面的要求:第一,有条理的怀疑主义是科学方法论的要求;第二,有条理的怀疑主义是科学体制的要求;第三,有条理的怀疑主义就是应当把科学理论都置于一种检验状态,并周期性地进行调整,要求对所有的知识,在其成为相对确证无误的知识之前,必须借助经验和逻辑的标准,经过同行的仔细的考察。科学家不盲信任何没有经过经验和逻辑标准检验的知识。

通过论述,我们看到默顿的四条科学规范从不同的侧面规定了科学家的行为方式,塑造着科学家的整体形象,形成了科学的独特“精神气质”。在这四条规范中,普遍主义是基础,也是最重要的一条。普遍主义不仅表达了科学的客观性质,而且从知识的评价标准上,为确保科学的客观性提供了根本保障。其余三条均从不同的侧面服务于保障科学的客观性。另外,有条理的怀疑主义和普遍主义都涉及科学评价。二者的区别是:

---

①② [美]默顿:《科学社会学》,鲁旭东、林聚任译,第376页,北京:商务印书馆,2003。

前者侧重于强调是否需要评价而且要考虑评价的时机；后者侧重于强调评价的标准。

一般来说，默顿规范通常指这四条科学规范。虽然默顿在他后来的研究中也提出过其它的准则，但基本都在这四条范围之内，出入不大。1957年，默顿在《科学发现的优先权》一文中提出了独创性和谦逊的原则。斯托勒认为："科学的规范结构与奖励结构之间互动这种基本思想，为理解作为一种社会制度的科学提供了一个坚实的基础。"①因为科学共同体的目标是增进知识，这就把科学发现的独创性提到了首位。而科学规范又要求科学家向社会公开交流他的发现，那么科学家的最高奖赏就是"承认"。默顿认为独创性和谦逊精神应当在不能兼容的科学的规范结构和奖励结构之间找到一种平衡。因此，有学者指出，独创性是默顿后期提出的另一科学规范。但是，我们通过文献阅读发现，即使是在默顿提出独创性之后默顿再次有机会扩展自己的"默顿规范"的提法时，他自始至终都没这样作，不知原因是什么。

从默顿的立场来看，科学知识是全人类智慧的结晶，任何人和组织都无权抑制其传播，无权垄断其使用。科学成果的公开与共享，是科学家的研究工作接受同行检验、赢得承认的前提。但是，科学发展的历程展现给我们的却是另一番图景：科学的共有性和无私利性现在却不得不面对科学秘密化的挑战，在大科学时代，科学还更多地起因于经济和军事竞争的需要。科学活动也不再是价值无涉、利益无涉的"纯粹"求知过程，它涉及了错综复杂的关系。特别是科学与政治、经济、军事部门之间的关系始终处于难言的微妙状态，指望科学研究完全公开是不可能的。这也是默顿科学规范提出后，遭受批判的另一个

---

① [美]默顿：《科学社会学》，鲁旭东、林聚任译，第379页，北京：商务印书馆，2003。

原因。

### 2.科学规范研究的意义

默顿的科学观至少暗含这样几层含义：一、科学是“客观实在”；二、科学本身就是目的；三、科学应具有批判性。他认为，科学行为、科学目标以及科学评价共同规定了科学规范，科学规范存在的基础不只是因为它们在方法上是有效的，还因为它们在服务于科学目标上，被认为是正确的和有益的。科学规范作为一种规则，规定了人们如何从确定科学的意义和他们在从事科学活动的过程中的角色，转向依据这些规则，组织其科学研究活动。科学规范是科学家之间进行互动的准则。

默顿界定科学规范(或制度性规则)的目的就是为了实现科学研究的目标：“扩展被证实的知识。”科学规范是由“科学的制度性目标”所决定的。“制度性的规范要求(惯例)来自这一目标和方法。技术性(认识性)规范和道德规范的全部结构在于实现最终目标。”默顿之所以这样进行界定，完全是出于方法论上的考虑。因为以科学问题作为考察对象的学科是非常之多的，不同的学科有不同的视角和关注主体。科学家主体也是生活在社会环境中的，其感觉和情感、价值取向有它自身的理性化要求的一面。比较而言，默顿更强调科学规范的道德性。为了保证科学制度性目标的实现，需要科学家在生产科学知识的各个环节中都要尽可能全面彻底地防止和减少人和社会的因素对科学知识的侵蚀。

科学的精神气质与科学精神有一定的联系但不尽相同。默顿把科学作为一种社会体制来考察的文化结构，指出科学具有一种文化意义上的精神气质，从而把从事科学活动的人按科学之理性和人之德性联系在一起。科学精神的内涵更广泛，自由度更大。科学的精神气质是价值和规范的综合体，这些规范以指令、禁止、偏爱和许可等形式表现出来，它们又进一步合法化为体制的价值，形成为一种命令或规则，使科学家在不同程度上，将其内化为自己的东西，形成其科学德性，规范着其科学行为。科学规范是科学这种社会建制的文化要素之一，它不仅对科学建制的高效率的运行发挥着无可替代的作用，还对协调科学共同体成员的行为和社会关系，强化科学的自主性，促进科学知识的增长产生了重要的影响。

默顿规范的提出对科学社会学的发展具有重要意义。它使科学社会学的研究由科学与社会的关系研究进入到对科学内部社会结构的研究，是科学社会学逐渐成熟的标志。另一方面，默顿规范理论对于深入认识科学活动提供了新的启示：科学活动不是松散的单个人的无序活动，它是一项集体事业，从事这项活动的人通过一定的价值规范联系在一起，形成一个具有强大生命力的集团。科学家作为一种独立的社会角色，具有独特的权利与义务。同时，作为一名科学家，社会与科学共同体对其科学行为具有一定的角色期待。默顿规范对于我们理解和评价科学家和科学共同体的行为，无疑具有积极的意义，说明了个人知识转化为科学共同体公共知识的社会机制。

科学知识社会学家马尔凯评价说："我想强调的一点是，科学的精神气质这一论述是有影响力的，其影响通过它持续三十多年的活跃性可以证明。"①默顿科学规范提出以后，成为当代社会组织科学活动的理论依据。随着科学自身及其与外部社会关系的变化和人类对科学深入的反思，默顿规范开始受到质疑和批判。

---

① [英]M·马尔凯：《科学与知识社会学》，林聚任等译，第32页，北京：东方出版社，2001。

## 三、科学规范的修正与批判

与默顿命题一样，默顿对科学规范问题的论述在学界也是长期处于争论的中心地带，而且争论仍在继续（即使是现在）。学术界对于默顿规范理论的评价，大体分为两种情况：一是有条件的支持，承认科学活动中存在着一定的社会规范——科学规范，虽然他们并不否认科学活动中存在对规范的违反实例，但他们并不认为这些反例能够证伪默顿规范，他们提出的新规范也没有完全达到完善默顿规范的境地；二是表现为对默顿规范的批评，各种批评不尽相同。尽管学术界对默顿规范的许多看法没有达成一致性，但这些争论对于深刻理解科学活动的实际情况却大有裨益。

有学者在论及库恩的“范式”概念的多样性时，这样评说库恩对“范式”表达的含糊性，形容库恩自己点燃了“范式”之火，但是却不知道如何扑灭这把火。如果把这个情形用来形容默顿命题和默顿规范的话，就意味着默顿在学术界是点燃了两把火——“默顿命题”、“默顿规范”，而关于这两把火的研究与论争至今没有减灭的势头。

### 1. 多少算够

默顿科学规范的观点提出以后，起初并没有受到人们太多的注意，但是随着时间的流逝和时代的发展，越来越受到人们的重视，并且逐渐成为科学社会学中的一个重要研究点，很快成为默顿学派的研究纲领。默顿科学规范的研究过程成为科学社会学理论发展的主要线索。其支持者多关注于默顿规范的可能性的研究，许多旨在检验和发展科学规范的各种研究工作陆续开展。特别是默顿学派的研究者，他们把对默顿规范的验证当做研究主题，不仅论证在科学的社会运行中默顿所提出的四条规范是存在的，而且得到了遵守。默顿学派运用经验研究的方法，从科学的运行过程中积极寻找例证。如巴伯、哈格斯特龙等人就对科学规范在社会中的运行状况、科学规范对科学的发展与进步所起的作用等问题，进行了深入的解答。有时直接声称，默顿规范中的某个规范在他的研究中得到了检验。默顿本人也认为科学社会学的一贯和永恒的主题，就是科学界的成员所信守的价值和规范的复合体。

随着规范问题研究的展开，默顿及其学派成员在这之外又追加了其它的另外一些规范。如独创性、谦虚性等，但基本是以这四条为中心的。默顿本人在后来述及科学的奖励系统时，反复强调了独创性的要求，有人因此将独创性填加到默顿规范中。但事实是，默顿在强调了独创性后述及科学规范时，他并没有特别注明科学规范从此应是五个内容。也就是说，从他的理论体系上看，他依然认为这四个显著的科学规范是规范之本。因为，如果他承认自己的思想发展了，我们才能认定思想内容的扩展。如果他仅仅是出于研究的需要，而我们又将其看作是科学规范的理论扩展的话，则他后来研究深化中的许多内容是否我们都可以将其划入科学规范呢？比如理性、谦虚、公有性原则等等，这显然是行不通的。山东大学马来平教授认为，可以将默顿后来的论点看作是对其规范体系的补充。[①] 例如，情感中立性、理性精神、客观性和无偏见性等就与默顿主张的这四条规范有所交叉和重复；有的尽管可以作为科学家的行为规范，但已经不是立足于防止人与社会因素对科学知识的干

---

① 马来平：《默顿科学规范再思考——重读默顿〈科学界的规范结构〉》，《理论学习》，2003(11)。

扰这个主题，如创新性、谦虚、概括性等。从本质上说，这种捍卫与修补也是有缺陷的。过多的规范条目容易导致规范内部的矛盾。正如齐曼指出："在某种意义上，独创性和怀疑主义是难以同时满足的对立的两极。"①

笔者认为，从社会学的角度看，对于社会中是否存在规范的问题已经得到大多数学者的认可。因此科学社会中的规范的存在性的问题也就随之解决，也就是说，默顿所提出的规范是存在的。至于这种规范的具体内容是什么，应当结合科学技术的发展状况来调整。

现代科学技术和组织的变化明显地不同于默顿时代，某些变化异常明显。和以往任何时候相比，现代科学技术和组织的规模更大、更复杂，而且更多地依赖社会。例如在对科学家行为的关注方面，由强调直接控制变为更加强调间接控制；在对关注科学活动的特征方面，由笼统的描述转变为关注科学活动的不同时期的范式转换；在对科学规范所依赖的社会背景方面，随着科学视野的不断扩展，以及对语言文化因素影响的分析与考察，已由对科学规范的笼统反对与遵从逐渐转变为多元化分析。这些变化都是引发学术界对默顿规范进行修正和扩展的重要根源。究竟多少条规范才能真正规范科学中的复杂行为？这取决于科学与社会的要求。

### 2. 对"默顿规范"之批判

任何理论总是存在着对立面的。默顿的科学规范自提出以来也遇到了一些社会学家和科学家的批评。其中，最为集中的批评意见是否认默顿科学规范的真实性。

在批评者看来，默顿所制定的四条规范是主观的、不真实

---

① ［美］默顿：《科学社会学散忆》，鲁旭东译，第126页，北京：商务印书馆，2004。

的，科学界在科学实践中并不按照默顿的科学规范行事，甚至压根就不存在控制科学家行为的所谓社会规范。例如，马尔凯曾就默顿科学规范的真实性列举过以下几点否定性证据：(1)从事基础科学研究的科学家不支持默顿科学规范。有人做过一些问卷调查，尽管回收的答卷数目不够多，但结果却无一例外，全是否定性的；(2)即使科学家在言语上支持某条规范，也不表明他们按之行事。如在一项研究中人们发现，虽然某大学物理系中的所有成员都声称研究人员应该有尖锐的批判精神，但他们中没有任何一位实际上曾对低劣的工作发表或提出任何批评意见；(3)行为规范从来都是具体的，而不存在普遍适用的"科学界行为规范"。① 马尔凯还对默顿规范在科学制度中的地位进行了逻辑推论。如假定默顿规范在科学界普遍存在，甚至被有效地制度化，那么，科学发展的任何阻力就只能来自科学界外部，而不可能是科学界内部。但实际情况并非如此，科学史上所发生的许多阻碍科学发展的情况，有不少恰恰是来自科学界内部。所以，马尔凯认为："科学的规范并未得到遵守，即使得到遵守，这些规范也不能解释科学中的成长和变迁。"

针对默顿科学规范的批评，在20世纪六七十年代到达了高潮。许多学者提出过自己的反驳意见。至于建构论站到科学的社会研究的前沿时，几乎所有的建构论者都彻底地以自己的理论代替或否定了默顿科学规范中的某一具体条款。最早对默顿规范提出批评的学者是卡普兰(Kaplan)，他认为："科学家们严重背离默顿提出的科学的精神气质。""在欧洲，四个建制中只有一个是存在的，即有条理的怀疑主义，而它与社会中的规范相关。"他彻底地否定普遍主义规范。他认为，科学在欧洲一直就不是普遍性的。但他没有提出任何经验的证据来支

---

① 马来平：《默顿科学规范再思考——重读默顿〈科学界的规范结构〉》，《理论学习》，2003(11)。

持这种结论。对默顿规范否定得最彻底的是建构论者巴恩斯(Barry. Barnes)和多耳比(Dolby)。他们认为:“科学并没有一种不同于其他任何社会建制的特殊的精神气质。”“科学共同体不需要一套社会规范。在一个分工的社会中,科学通过学科和专业提供示范,没有规范的一致,社会秩序也能得到维持。”洛斯曼(Eothman)认为:“……各种各样的证据指出,与科学的精神气质所体现的理想状态的背离,是广泛存在的。”他证明四条规范中的任何一条都不再是适宜的了。默顿学派的维护者加斯顿对洛斯曼的反驳也是很苛刻的,加斯顿说:“我断定洛斯曼提出的应该重新考察科学的精神气质这一断言是不能令人信服的。他不仅没有提供合适的证据,而且也不懂得价值和规范之间的不同。”米特洛夫(Mitroff)认为:“科学家有时积极地遵守制度上的规范,而在其他时候则是消极地遵守。”他还认为:“如果始终遵守默顿的规范,科学可能会受到损害。”[①]

笔者认为,客观地说,科学规范的确定是一个随着科学形态的变化不断发展的过程,所进行的分析是可以不断深化的,默顿科学规范仅仅是默顿时代对其时科学活动规律的一种反映。科学规范研究需要随着时代精神的转换,结合科学活动的实际情况,根据科学主题的变化和社会的需要进行评断。从学术批判的角度看,本文以为可以从科学活动不同阶段的要求、科学生产模式的变化、文化语境对科学的客观影响等三方面对默顿规范进行修正分析。

第一,根据科学活动的阶段修正规范。

“范式”是20世纪哲学界的流行术语,范式也几乎成为库恩科学哲学思想的代名词。其实,究其概念源头,默顿还应当早于库恩提出了范式概念,但其涵义迥然不同,默顿所指的范

① [美]J·加斯顿:《科学的社会运行——英美科学界的奖励系统》,顾昕等译,第210～234页,北京:光明日报出版社,1988。

式接近规范的意思。按照库恩的观点，处在不同阶段的科学具有不同的范式，也就是说，不同阶段的科学活动中，科学家遵循的规范应当是不同的。这样以来，默顿的大一统的科学规范显然无法说明阶段不同的科学活动的实质，默顿规范遭到最致命的质疑。

库恩对科学活动的不同阶段的范式规律的研究，启迪了人们对默顿规范的批判。默顿规范并没有涉足科学知识的内容本身及其进步，无力解释科学发展的动态过程及这一过程中新旧范式的更替时期的情况，"实际上并没有什么系统的经验证据表明科学中这种价值观念的作用是普遍的、无偏见的……不动感情等等"。库恩《科学革命的结构》的出版，导致了科学哲学、科学史和科学社会学之间关系上的一场创造性的革命。在他的著作中，"他利用了来自这三个专业的概念和材料。把科学作为一种社会现象加以研究，这是前所未有的"。[①] 默顿认为，库恩"对从事研究的科学家、对历史发展的模式、对这一发展的社会学过程的认识，比我所知道的任何科学史家都深刻得多"。[②]

从库恩的思想中我们得出，默顿规范的修正原则应当考虑到科学活动的阶段性，在不同的科学阶段需要遵循不同的规范行为。

第二，按照生产模式转换的要求调整规范。

随着科学的发展，科学生产模式也发生了变化，从古代与近代的个体生产模式走向了现代科学的建制化生产模式。在现代的建制化生产模式中，科学家们彼此分享着许多共同的价值、传统和目标，形成一个个的学术共同体。在学术共同体中，

---

① [美]B·巴伯：《科学与社会秩序》，顾昕、郏斌祥等译，第10页，北京：三联书店，1991。

② [美]默顿：《科学社会学散忆》，鲁旭东译，第144页，北京：商务印书馆，2004。

科学家们赞同一定的合理性和普遍性，有着高水平的专业技能并相互依赖，能够为了追求真理和人类利益而相互信任地一起工作。在科学共同体中，科学行为由确立、易于公认并且相对稳定的目标、价值和规律来调控，形成所谓的“学问共和国”。在学问共和国中，科学家们的日常工作是从事学院科学(academic science)这种社会活动。

学院科学与后学院科学的划分，是依据科学社会学家齐曼对科学体系化程度的标准认识的。齐曼在《元科学导论》中曾经对学院科学进行了详细的讨论，[①]在《真科学》一书中齐曼详细地阐述了这种观点。并将之与后学院科学(post academic science)相对应。齐曼认为“学院科学是一种文化。它是一种复杂的生活方式，‘是在一群具有共同传统的人们中产生出来的，并为群体成员不断传承和强化’”。[②]“学院科学的一个主要特点是，学院科学是高度分化的体系学科”，[③]也就是说，科学家们都分布在不可通约的不同学科之中。科学家在不同的地域具有共同的学术语言，但在不同研究领域之间的流动却受到严重的制约。

在学院共和国中，科学家遵循的是默顿的科学规范，即制度化的CUDOS机制。[④]齐曼对学院科学时代的默顿规范做了充分的肯定。虽然他认为默顿规范“只能坚定理想并不描述现实”，对于个人和共同体，这些规范都很难做到，但是，“原则上，它们给科学共同体每个成员提供了稳定的社会环境”。[⑤]只要每个人都遵守这些规则，那么在相当程度上可以预知他们对事件和彼此行为的反应。不同独立个体的共同体因此能够自发地

---

① [英]约翰·齐曼:《元科学导论》，刘珺珺等译，长沙:湖南科学技术出版社，1989。

②③④⑤ [英]约翰·齐曼:《真科学——它是什么，它指什么》，曾国屏等译，第31～32页、33页、56页、41页，上海科学技术教育出版社，2002。

组织成一个高度组织化的建制。学院科学经历了200年左右的发展历程，到最近数十年，科学的生产方式逐渐发生了变化。

科学在原来业余爱好者的努力下，越来越走向专业化。现代科学成为一个既高度综合又高度分化的复杂的体系，科学工作者分布在这个体系的高度职业化的位置上，从事着外行难于理解的知识生产。在这里，科学工作者领取薪俸，从事着高度专业化的工作，因此，原来的业余爱好者就难有立锥之地，科学成了一种高度建制化的行业，也成了科学家的一种谋生的手段。齐曼将这个变化称为"一场悄然的革命"，革命的典型标志就是后学院科学的出现。他说："在不足一代人的时间里，我们见证了在科学组织、管理和实施方式中发生的一个根本性的、不可逆转的、遍及世界的变革，""学院科学正让位于后学院科学。"[①]这场革命是如此普遍深入、如此纵横交错，并且在不同国家中的形式细节变化如此之大，以至于它们很少会被当作一般社会现象的成分。

齐曼认为，后学院科学并不像许多科学家仍期望的那样，只是短暂地偏离我们熟知的科学前进的步伐。它不仅仅是知识生产的一种新模式，"它是一种全新的生活方式"。[②]它是对直接实际问题的无数即时解决的结果。后学院科学具有集体化、极限化、效用化、政策化、产业化和官僚化等六个方面的特征。[③]学院科学走向后学院科学之后，默顿规范在后学院科学时代依然必须遵循，但因科学语境有了变化，相应地，其科学规范也应相应地修正。

首先是普遍性问题。科学仅仅处理那些可以在任何人之间交流并被任何人所接受的东西，而不管这些人的个人信仰或者特定的环境如何，因此，凡是科学知识都必须具有普遍性这

①②③ ［英］约翰·齐曼：《真科学——它是什么，它指什么》，曾国屏等译，第81～82页、82页、84～100页，上海科学技术教育出版社，2002。

个共性。因此齐曼认为普遍主义也应是后学院科学共同体的基本学术规范。传统的方法，比如归纳与抽象、对科学事实进行分类，在后学院时代仍然没有过时。此外，齐曼还提出“把理论当作地图”，“把地图当作理论”的“地图方法论”，[①]把科学理论当作地图来解读。齐曼认为，形式化是科学获得普遍性的一种重要手段，后学院科学更加追求形式化的表达语言。为了达到高度的形式化，后学院科学更是用各种复杂的数学方法和数学模型，并充分利用科学理性，把各门学科全面系统化，建立普遍的解释和预测的模型或比喻。

其次是无私利性。传统的学院科学往往被认为只是对自然规律的客观认识，是一种无利可图的知识产品。然而，在后学院时代，科学却变得越来越有利可图。这时的“科学知识通常具有巨大的实用价值”。[②]人们对科学感兴趣，并不仅仅因为它能够激发智力上的兴趣，而且是因为它能够带来物质上的利益。但学术传统的这一防线如今正在退却，支撑无私利性规范的伦理准则，经受不起要求拓展科学不断壮大的工具力量的外在压力。因为科学知识是一种社会产品，更大的社会利益也许在塑造它的过程中起着一种看不见的作用。不过，社会利益对自然科学的“实验室生活”可见的直接影响还是相当有限的。在他们的日常生活中，学院科学家将他们认知的、职业的和体制的利益高高置于一般的社会利益之上。

第三是客观性问题。在后学院时代，“基础研究和技术开发已经相互渗透，从长远来看，它们将变得难于区分”。因为“后学院科学是根据市场原则来组织的”，它“与实践之网紧密联系在一起”。[③]后学院研究由半自治的研究实体来完成，它们通过承担一些由投资机构资助的具体项目来维持生计。其中

①②③ [英]约翰·齐曼：《真科学——它是什么，它指什么》，曾国屏等译，第154～161页、190页、210～212页，上海科学技术教育出版社，2002。

的一些研究实体为维系科学的独创性和诚实性进行了大量的努力。但是，甚至像研究理事会这样的准学术的公共机构，也被要求来支持具有明显“能够创造财富的”或者具有医学、环境或社会应用前景的项目。被社会利益污染后的后学院科学，是否丧失了传统意义上的科学知识的客观性和可靠性呢？齐曼认为没有。在后学院时代，“客观知识的生产不大依赖于真正的个人的无私利性，而更为依赖于其他规范（特别是公有主义、普遍主义和怀疑主义规范）的有效运作。”“后学院实用主义强化了认知客观性”。① 因为科学发现与它们被应用的技术要自动地接受检验。

第四是独创性问题。由于后学院科学的技术化、利益化的背景，它越来越成为科学家们集体的一个个研究项目。独创性的学院规范本来要求选择问题的个人自由。然而，现在这种自由被物质环境、历史机遇、认识论信念以及特别是共同信条所包围。事实上，它经常要求研究者们一起工作，研究他们个人从未考虑过的，作为一个集体也没有选择过的问题。通常，这样进行的科学，要比那些完全依赖于个体科学家特殊判断的科学在技术上“好”一些，并且与技术关系更紧密。“后学院科学的一个主要特点就是学术研究传统和产业研究传统之间的这种结构性趋同。后学院科学通过聚焦在专门问题周围的领域上来获得进展。”②它总是满足于适度可信的对问题的实际解决方案，无论这些方案是否有一个宽阔的理论基础。

最后是有条理的怀疑主义。在后学院时代，科学变得既高度分化，又高度综合，对它进行怀疑性的批判就变得有一定的难度了。传统的科学形象在人们的心目中总是那么确定和统一，似乎它特别擅长于结束争论。然而，后学院科学并非如此。

①② [英]约翰·齐曼：《真科学——它是什么，它指什么》，曾国屏等译，第212～213页、253页，上海科学技术教育出版社，2002。

科学家们似乎总是争论不休，难于达成共识，于是只好退而求其次，变为追求主体间各自存疑、相互理解，这就是所谓的主体间性。由于科学的日益复杂化，外行对它越来越难于理解。于是记者、政治活动家甚至教育工作者不是从正式的研究文献中获得科学知识，而是从一些外在表现或道听途说中获得一些科学的形象。科学工作者个体对知识的贡献因为难于用其他方法来评判，于是只好用科学引文索引这一技术手段来进行。"后学院科学的特征之一就是这样一种观念，即研究者在同行中被评定的标准是被《科学引文索引》(SCI)收录的数目"。[①] 对一项科学知识可信性的度量是其在科学实践中的实际用处。

科学规范随着不同时代科学的特征的变化而变化，科学认识的不断变化、不断进步是学院科学的内在特征。从社会学规范来说，科学知识典型地由一种特殊的准自主的社会机构所产生，它以竞争性个体组成的共同体的方式运行，其松散的结合由交流系统来保证：科学家以对"科学知识"的公开贡献来换取同行人员的承认：他们的研究结论，经过持续的批判性审查后，以非正式的共同接受而取得合法性。科学集体的核心体制是其交流系统和公开的文献档案。一项研究成果要称为"科学的"，就必须在经过同行评议的著作或期刊上发表，虽然如此编码的知识也会常常引起争论，而且常常也会被证明是错误的。尽管签署了生产者的名字，但它因经受住了共同体的批判而获得其客观性，也就是说，只有当几乎所有的科学家在其研究中都无可置疑地以它为基础时，它才值得强烈信赖。而后学院科学与牵涉到社会、环境和人文价值等"跨认识"问题的关系因而更加复杂，科学规范也应作适当调整。

第三，适当参考文化语境因素对规范内容的影响。

---

① ［英］约翰·齐曼：《真科学——它是什么，它指什么》，曾国屏等译，第316页，上海科学技术教育出版社，2002。

科学也是一种文化。科学规范的提出应当参考科学活动的文化语境进行，也就是说，必须考虑到不同文化背景的影响。默顿的科学社会学把科学知识看成是由体制的目的所规定了的标准的产物，强调科学的技术和社会规范能够保证创造系统的有效的知识。马尔凯从科学知识社会学的角度，认为默顿的这种观点是不恰当的。“科学的精神气质纯粹是一种公共关系运动。科学家所说的暗示他们遵守科学的规范的事情，科学家谈到的关于科学的特殊本质，所有这些都是帷幕，用来掩饰他们在科学中真正的所作所为。”①

默顿认为，科学共同体被认为必须具备一种学术上的开放性和普遍主义的规范结构，如政治上的中立性和为了在社会中能最有效运转，要求此社会为科学提供尽可能大的自主性。他们认为，自然界是真实的、客观的。科学是对自然界的客观对象、客观过程及其相互关系提供准确说明的思想事业。自然科学的知识以观察为基础，科学实验的程序及标准可以保证科学知识具有可靠的事实基础，科学的理论知识和概括揭示出自然界的真实性。也就是说，科学知识的产生和接受，有准确的技术标准，这种标准不依科学家个人的意志为转移，不受个人的偏见、感情因素和利益的影响；科学知识的社会起源和自然科学知识的内容无关，因为这种内容完全是由自然界本身所决定的。因此，社会学所关心的，不应该是科学的认识内容，而应是保证得到这些知识的社会条件。马尔凯认为，默顿的这种观点是值得质疑的。② 马尔凯认为，传统的知识社会学家之所以强调“科学知识的内容被排除在社会学的分析之外，是因为存在

---

① [美]J·加斯顿:《科学的社会运行——英美科学界的奖励系统》，顾昕等译，第237页，北京:光明日报出版社，1988。

② [英]M·马尔凯:《科学与知识社会学》，林聚任等译，第29页，北京:东方出版社，2001。

着这样一个假定，即科学家通过一定的方法能保证他们的结论是由自然界本身的性质决定的。一旦社会学家承认科学提供了有关外部世界的客观反映，便可能得出科学共同体必然具有某些独特特征的结论。因为客观知识能不断地产生于一个没有这些特征的共同体看起来是难以想象的”。①

马尔凯认为，自然界一致性的原则最好被视为科学家为建构他们有关自然界解释资源的一部分，而不是像社会学家对自然界所做的那样的假设。他坚持认为，科学事实的内容不应该被视为一个不受文化调节的、对永恒外部世界的反映。“事实与理论、观察和假设都以复杂的方式内在地关联着，而且科学的经验结论必须被视为解释性的建构物，因为它们的意义依赖于一定环境并受一个特定社会群体在特定时点上所拥有的文化资源的制约。”②类似地，评价科学知识主张的一般标准之所以不能被普遍应用，是因为它们不像大部分社会学家以前所认为的那样是独立于社会的环境。这些标准常常具有不同的解释，而且特定科学家的特定学术倾向、假设和目标被赋予意义。马尔凯总结说：“科学认识的技术资源随着意义的不断变化而变化，因此，自然界中决不存在着独一无二的决定科学家结论的东西；相应地，社会学家应更紧密地考察科学家建立他们有关世界的解释方式，并考察在科学观点的形成和接受过程中，不同社会背景因素的影响方式。”③

在对科学作文化解释时，马尔凯提出了一个新的术语——“科学的社会修辞学”，其基本的意义是指：科学共同体内部科学家的行为并不能用统一的科学规范说明，他们的行为规范以及标准只能以科学家各自的利益及目标来说明，因而表现出差异和区别。这种区别和差异，还常常在科学家的专业的陈述当

①②③　[英]M·马尔凯：《科学与知识社会学》，林聚任等译，第155页、155页、156页，北京：东方出版社，2001。

中表现出来，体现为科学家的专业意识形态，这种意识形态又在修辞及内容方面表现出来；而默顿的科学规范只不过是科学的意识形态的一种叙述的"词汇"而已。①

马尔凯列举了剑桥大学射电天文学家发现脉冲星的过程作例证，说明科学家并不遵守默顿提出的公有主义原则，而是实行保守秘密的原则，认为保守秘密的原则对科学的发展也是有利的。马尔凯及其他科学社会学的代表人物，常常使用repertoire（条目或词汇）一词来说明文化背景所提供的全部可以选择的东西，并且这种东西表现为词汇与语言的形态。② 他又列举了诺贝尔奖获得者梅达沃说的话，说明传统的科学研究的成果所具有的那种非个人的习惯，不仅是把科学发现的成果的合法化过程中的复杂多样的过程隐匿了起来，并且是错误地表现了它。在马尔凯和其他科学知识社会学家看来，科学论文的表现一般规律的形式是不足取的，因为科学论文的那种传统形式不反映科学家进行研究时的个人行为，没有任何有关论文作者的个人信息；而实际上，在许多科学过程，如交流程序中，是有许多复杂的道德语言存在的。在科学共同体中存在的标准的文字表述中，也为科学家提供了可以说明在不同社会环境中的不同专业行动的有伸缩性的条目和词汇；科学家选择这一种或那一种表述方式主要是受他们的利益或目标的影响。③ 他认为，科学的规范的东西实际上是辩护的"词汇表"，其功能是辩护、评价和描述科学家的职业行动，这些规范并未作为科学共同体的行为规范而建制化，它们仅仅是一种意识形态上的态度。④

---

① 刘珺珺：《科学社会学》，第265～266页，上海人民出版社，1990。

②③ ［英］M·马尔凯：《科学与知识社会学》，林聚任等译，第93页、93页，北京：东方出版社，2001。

④ M. Mulkay, 1976, "Norms and Ideology in Science", *Social Science Information*, p637～656, 15.

从马尔凯所提倡的观点来看，他认为科学不应该被当作是一个有特权的社会学例子，不应把它与其它文化成果领域区分开来。相反，他认为应该尽一切努力去研究科学家如何受大的社会环境的影响，并说明科学文化成果与其它社会生活领域之间的复杂联系。① 对科学共同体的外部文化分析中，马尔凯认为“科学的内容受产生于科学外部的社会和文化因素的影响”。② 他试图说明，科学家在阐述科学问题的时候，还要利用“外部”的文化资源。如达尔文的生物进化论思想的形成，不仅在于他的社会地位使他能够接受一般的进化观念，使他能够进行科学考察的长期航行，他还受到了马尔萨斯的直接影响。马尔凯认为，马尔萨斯学说是19世纪的重要思想成果，是那个年代的思想方式。他认为，科学家的知识主张会受到他们在一个政治环境中的地位的影响，而且政治环境的因素可被融入科学家关于自然界的观点之中。他试图说明当科学家进入研究共同体之外的社会环境，例如政治活动的广泛领域时，他们如何适应社会环境和根据他们在环境中的地位对文化资源(既包括技术的，也包括社会的)做出选择和重新解释的情况。

马尔凯整个论点的关键，其实是对科学的规范的漠视。他认为，因为存在着普遍的背离规范的情况，因此规范本身不能被制度化。否则，就无法说明科学家既然已意识到科学规范的存在，承认规范的行为指导却不遵守的话，实际上是对规范正当性的挑战。他甚至认为，“无论默顿还是米特洛夫(Mitroff)都没有提供说明任一套评价性规范形式在多大程度上被制度

---

① M. Mulkay, *sociology of science A Sociological Pilgrimage*, p6, Blooming: Indiana University Press, 1991.

② [英]M·马尔凯:《科学与知识社会学》，林聚任等译，第143页，北京：东方出版社，2001。

化的证据”。[①]

笔者认为，马尔凯研究默顿规范的立场是他的语境主义，他为我们理解默顿规范提供了另一种解读方法，但也不是唯一的方法。他描述的科学规范的特征模式，大多数在默顿的框架之内。“一旦我们采用社会学的视角，许多明显的问题就不断地涌现出来，这种视角允许我们不仅仅把科学当做一个带有特殊职业关怀以及符合这些关怀的规范要素的共同体，而且看作是一个拥有支配性精英与有辩护作用的意识形态的利益群体。”[②]在科学组织中，不同文化基质的科学家对规范的遵从，主要还是通过规范和对遵守规范的激励。在一般情况下，规范的约束作用是有效的，只能说这些规范“与其说是错误的，不如说是不完善的”。[③]尽管不同的文化背景会影响科学规范的表述。

综合默顿规范在学术界遭遇到的批判和质疑，可以看出，科学发展的速度与科学规范中具体内容的变化是不断变化的，对默顿规范的评价不能进行简单地肯定或否定。科学规范的社会研究是不断发展的，默顿规范的修正与批判是复杂的过程，评价也将是历史性、时代性的。科学日日在变，科学的社会研究需要多思考、多反思，需要运用批判和慎思的态度理解科学的行为以及行为背后的意义。此外，科学社会学所探讨的不只是科学发展方面的内容，更是社会发展的内容，应当从广博的角度，以启明科学发展的社会之特质内容。同时，还要从历史的角度、从文化的角度、从科学本身的角度，去窥探科学和社会发展的变数。

默顿科学规范的内容最终是走向多样化？还是被消解？有着许多的不确定性。因为科学规范关注的是科学的运行秩序问题，随着科学的发展，科学的要求会日益增多，社会的要求

---

①②③ M. Mulkay, *sociology of science A Sociological Pilgrimage*, p65、p78、p63, Blooming: Indiana University Press, 1991.

也越来越多，以一个变化着的要求去要求一个变化着的秩序，二者的关系复杂程度将会越来越高。科学规范的研究将会在科学与社会的双重发展中走向深入。

# 第四章

# 科学承认的力量

科学发展的动力问题是个复杂的“变量丛”。从不同的角度分析就会得出不同的结论，但不管是什么结论，任何一个学说只能理清一个说法，面面俱到的解释只能破坏对问题的深度探讨。科学社会学的任务是期望从社会运行的角度揭示科学社会发展的动因，其中更重要的是理解科学界内部成员受激励的动因，根据默顿的观点，科学发展的动力对科学家来说就是追求科学承认，包括在追求过程中占优势，特别是涉及时间差时，追求科学发现的优先权是成就与智慧的象征。默顿认为，科学承认问题既关系到科学家和科学共同体从事科学研究的动机，也关系到整个科学体制运行的动力问题。科学承认作为默顿科学社会学思想体系中的一个重点内容，其研究范式具有广泛的影响。

# 一、追求承认:科学王国的基本通货

1957 年,默顿的《科学发现的优先权》的发表,标志着他在自己的理论体系中,找到了科学体制的动力模式,形成了科学奖励系统的概念。默顿通过对科学史上大量的科学家争夺科学发现的优先权现象的深入分析,表明科学奖励系统是理解科学建制运行的基础,使他的科学社会学思想框架有了核心内容。1960 年,默顿发表了《"承认"与"优异"富有启示性的双重含义》,文章主要论证了科学中的承认问题。对于如何承认,包括承认过程中所出现的矛盾,以及如何评价承认在执行过程之后所带来的社会效果等问题都进行了论述。1963 年,发表了《对科学多重发现的系统研究的抵制》,1968 年和 1969 年,他又分别发表了《科学家的行为模式》、《作为战略研究基础的多重发现》。默顿通过十多年对科学发展动力的探索,逐步形成了比较稳定的观点。

## 1. 工具性承认和荣誉性承认

(1)承认的方式

默顿认为,承认有两种方式:工具性承认和荣誉性承认。工具性承认包括:鉴别天才,清除障碍使天才得到发挥,为天才成长提供教育环境,这是一个相当复杂的过程。荣誉性承认是指社会与私人机构对成就所作的评价,承认的目的是对成就的奖励。

在科学活动中,这两种承认是相关联的。从被承认的方面来说,科学家是评价针对的主体。工具性承认和荣誉性承认只是相对科学家做出成就前后的不同时间而已。从承认的结果来看,不同的判断所关注的重要内容是不一样的。对所取得的成就要进行判断,判断的主体和判断的标准是非常重要的。工具性含义使我们关注发掘成就的潜在可能性,关注机会的提供。荣誉性含义使我们关注奖励,荣誉性承认不但会为获得者带来荣誉,也会为提供者带来荣誉。它表现授予者的价值观。从这个意义上说,授予荣誉的一方比获得它可能更神圣。承认带给优异者的是肯定。承认机制会导致更多有才能的年轻人追求卓越。正如培根的名言:……这一领域人们的努力和劳动没有得到回报……足以检查这种科学的增长,得不到奖励的事业就不会繁荣。

默顿认为,与承认方式的双重含义相对应,对优异的评价也有不同的内涵。与工具性承认相联系的是对科学家个人品质的判断,承认的是个人的品质。这种判断通常是困难的,因为对一个人的个人品质的判定必须在实践中得到不断的证明,在未得到证明之前就做出的判断更多的其实是一种信任。而荣誉性承认评价的主要是科学家的成就,成就是业已证实了的。两种评价的要求是不同的。

(2)承认的目的

承认的目的是促进科学家更坚信对科学的献身。承认系统是一个与奖励系统、交流系统交织在一起的复杂系统。无论是工具性承认还是荣誉性承认,能力和成就问题是承认的关键指标。但是,在科学界,时常可以看到这样的悖论的存在,即有些非常有才能的人最后并不一定会实现他的目标,而有些看似平常也可能确实是平常的人,最后却做出了成就。它们表现了社会的淘汰、选择、褒贬过程,是一个多样化的发展过程。尤其是在科学界,人们对优异的要求又是那么苛刻。

在承认的过程中，承认的目的是关键，探讨承认所要达到目的的研究是很有价值的。可以从两个方面进行理解：

第一，不同承认与优异品质的关系。

工具性承认的目的是挖掘品质的优异方面，是对成就的潜在可能性的预测。怎样在现有的社会机制和人才发现机制之间，找到正确的路径是问题的关键。许多心理学、教育学致力于智商测试、智商培养、素质教育，要在个人的成就没有得到充分显示之前做出判断，的确具有很多未知数，不仅存在一定的困难，也具有一定的风险。特别是在我国，由于教育资源的有限性，如何有计划地发现人才、培养人才既是一个教育难题，也是一个社会难题。默顿也把对这个矛盾的处理预设为社会学研究中的一种使命。“我们需要新的社会学研究，集中考察现在对天才的鉴别和选择的社会过程。”①

承认具有鼓舞作用。在荣誉性承认和优异之间把握怎样的一种尺度，才能最大限度地发挥承认的作用呢？默顿认为，随着承认的科学化程度的提高，引发了对承认的深层研究。例如：“对能力的荣誉性承认的范围有多大？我们的制度是不是对那些竞争中的胜者承认得太多了，而对那些只是名列前茅的人承认得太少了？对排名在这些人之后的其他人又是怎样处理的呢？”② 承认的社会作用和影响越来越多地受到专家、学者的重视。承认在实施的过程中代表社会提倡的价值倾向。承认是一种有目的的社会行为，对科学家的奖励意味着社会所要弘扬的精神指向。这种指向也受到不同时代、不同社会经济条件的限制。

第二，承认与成就的关系。

社会学研究集中考察的是对具有社会属性的行为的研究。

---

①② ［美］默顿：《科学社会学》，鲁旭东、林聚任译，第591页、592页，北京：商务印书馆，2003。

在承认和成就之间，对承认的研究是对方法的寻求，是社会评价的立足点。对成就的研究较多的是涉及科学的问题，具有一定的不可动摇性。默顿认为，在承认和成就之间，增多对成就的疑问，将是科学的评价过程的进一步工作。

例如，成就的"单位"问题，这是构成判断的基础。它是指一个发现、一篇论文、一部著作、一幅画、一个建筑、一座塑像、还是指一首交响乐或者一个维护和平或结束战争的成就呢？因为，像科学界诺贝尔奖的颁发，多数指向的是这种单一的成就，这种原则的支配作用对有些领域却是不公平的。比如，在文学诺贝尔奖中，通常所承认的是一个人一生的成果。显然，对什么成果将得到承认是评价系统必须给予确切说明的，运用的标准是值得进一步探讨的问题。再比如，对一项所谓的成就应从哪些方面加以判断？是它的大众性、正统性还是异端性？默顿认为，评价过程对这个问题也没有完全解决好。"在我看来，似乎对这一问题没有自明的适当回答。"①就大众性、正统性和异端性而言，我们每个人可能都会举出一些例子说明，当时对特定人物的价值和他的异端成果所作的判断，又被后来的历史扳了过来的例子也是很多的。用一句不很恰当的话来说，科学界对成就的承认，常常像是一个"反复"发作的疑难杂症的诊断过程。所以，在解决了对什么做出判断和用什么标准进行判断之后，还应当探讨是谁做出的判断？因为，"社会对成就的价值的判断是不断发展的"。②

(3)承认的时机

在承认问题中，默顿对承认什么、怎样承认等问题进行了分析。承认问题涉及目标、手段、方式的实现。默顿认为，在给予科学家承认的过程中，授予荣誉的时机选择问题，是一个长

---

①② [美]默顿：《科学社会学》，鲁旭东、林聚任译，第597页、599页，北京：商务印书馆，2003。

期以来受到科学家们的关注的问题。“当人们评价对优异成就予以承认的主要目的时，人们就会联想到这些问题。”①

对科学成果的鉴定而言，承认是对最后结果的肯定。在中国，马克思的那句名言几乎挂满了所有学校的走廊——“在科学上没有平坦的大道，只有那些不畏艰苦，沿着陡峭的山壁敢于攀登的人，才能到达山峰的顶点”。真正的践行者用一生穿梭在实验室、研究室时，所盼望的就是那个承认的出现。承认如同长途爬涉中的甘露，如同黑暗中的明灯。那么，这样的甘露什么时候洒播？这样的明灯什么时候点燃？

选择什么时机最佳？对获得承认的人来说，承认的功能是加油站和安慰剂，太早或太迟都会影响其研究工作的效果。对施于这种承认的体制来说，它所关心的是这是否会对科学研究有所激励。对这个问题的考证，每个科学家都有自己的发言权。

比如法拉第，他在回答英国科学促进会提问，政府或立法机关采取的议案是否都能改善科学的地位或科学工作者的地位时？他根据自己的经历（他当时已 63 岁）说，他本人很久以前得到过他所需要的一切帮助和承认；他不能说他不“重视这些荣誉”，尽管他认为他从来都不是为了荣誉或刻意追求荣誉而工作；即使新的荣誉“现在来了，它们也不再像当年那样对我有很大吸引力了”。法拉第的态度是很有代表性的。因为新的奖励似乎对于那些接近垂暮之年、已经获得了重大承认的人来说，没有什么意义了。

对穷其一生才爬涉到科学顶点的人来说，在其生活的后期才获得承认多少会让人感到非常酸楚。斯宾塞就是一个例子，他对迟到荣誉的态度是：拒绝。他说这类荣誉对“更有前途的

---

①　[美]默顿：《科学社会学》，鲁旭东、林聚任译，第 600 页，北京：商务印书馆，2003。

人”更有用，因为他们“陷于同偏爱成名者的社会的不利环境进行的斗争之中”，这类奖励可以把他们从中解救出来。大概是由于这个原因，斯宾塞在晚年几乎谢绝了授予他的一切荣誉。这种承认是否“本应该”早早地给予他们呢？谁能拒绝承认？

心理学认为承认可以对研究工作起到激励作用。这些承认还具有一种社会功能，即证明研究工作的优异。这种证明无疑会给科学家带来极大的动力。与斯宾塞的痛苦相比，有不少科学家却因很早就获得了极高的荣誉而充满自信。比如赫胥黎，他在26岁时被选入选皇家学会，当时他在竞争者中是最年轻的一位。最重要的是，这让他有了巨大的自信将他的研究工作沿着正确的轨道推进。因为赫胥黎像我们中的每个人一样，他常常认为自己是个愚笨的人，有时还怀疑自己的能力。他说，“荣誉的惟一用途就是治疗沮丧发作的一剂解毒药”。

承认时机择决通常会产生两种效果：一是使被承认者受益；二是使他人受益。评价制度需要考虑在科学家研究事业的哪个阶段做出承认是有益的。恰当的时机承认会形成一种有利于科学家发挥才能，促进科学事业发展的局面。据说在法国，时机选择问题的矛盾在两位科学家之间展开过辩论。拉普拉斯是当时科学界的权威，没有多少人敢于反驳他的观点。但拉格朗日则是一位勇敢的挑战者。他们在讨论要不要吸收年轻的未来院士弗朗索瓦·阿拉戈时展开了辩论。拉普拉斯理解阿拉戈工作的重要性和实用性，但认为这仅仅是有希望的迹象。拉普拉斯说，“把院士职位留作一种未来的回报对年轻学者是有益的，可以激发他们的热情”。显然，他认为应该较晚些再给年轻科学家给予荣誉。拉格朗日打断他的话说：“您当选为院士时也没有什么辉煌的成就，您也只不过给人带来了一点希望而已。您的重大发现是在此后才取得的。”拉格朗日甚至比喻说，您就像个马车的车夫，赶着马奔驰，却把一束干草绑在车辕的杆头，可怜的马付出几倍的努力，但干草总是在它前面飘动。最终，车夫把马累垮了，而且很快它们就死了。

**2. 影响承认的重要因素：角色与年龄**

(1)多重角色

在科学领域，由于科学光环的照耀，人们在热烈讨论科学家的时候，较关注科学家贡献的多少，重视其科学成就对社会生活的影响，科学家在承认过程中的多重角色则往往受到忽略。

默顿的社会角色理论为科学社会学研究提供了一个很好的分析工具。[①] 在默顿的科学家理论模式中，角色序列和地位序列是他分析科学家形象的基本元素。默顿通过对科学家角色理论的发掘，分析科学家不同角色表现与年龄分层的相互关系，指出其包含的主要内容。

默顿认为，科学家是多重角色的，主要有四种类型：研究角色、教学角色、管理角色和把关者角色。每一种角色又都可分化出许多子角色。"研究角色是为促进科学知识的增长做准备，它是核心，其它角色在功能上附属于它。"[②]被称作成功的科学家往往是因为其具有较高的科学研究才能。在高度专业化能力的支配下，科学家要么成为实验家，要么成为理论家。例如科学家费米就高度融合了实验家与理论家两种能力。科学奖励系统常常是对科学家角色履行状况的衡量。

在科学系统中，科学界的教学角色要求有明确的教学法，在自然科学中还要求更多地通过观察实验进行潜移默化的教

---

① Jon Clark, *R. K. Merton: Consensus and Controversy*, p159, New York & London: The Falmer Press, 1990。

② [美]默顿：《科学社会学》，鲁旭东、林聚任译，第712页，北京：商务印书馆，2003。

育，研究角色与教学角色的关系也存在着矛盾。为了科学事业的发展，教学角色要求其首要的角色是培养新的科学，但是他不能以牺牲发展知识为代价，让教学占用太多的精力。在科学研究中，有些科学家在不同的情况下，分配给研究角色与教学角色的时间有时是不断变化的。“科学家的第三类主要角色通常被称之为‘行政管理’”。“人们所描述的科学界的日益官僚化，常常是指全职的行政管理角色数量的增长，以及他们对科学发展过程的影响力的增加。”①占据科学系统中的第四类角色是——把关者角色。把关者角色对科学发展的每个方面都有影响，他们是评价系统和角色与资源的分配者。默顿认为，这种影响表现在三个方面。第一，在人员的输入和位置及角色分配方面；第二，在研究设备的条件和是否给予奖励的分配方面；第三，在资源的不同分配的输出方面。到底何时承担确认不同的角色取决于科学家自身的选择。科学家会根据他们各自不同的时间和精力，以自己的方式把这四类角色结合在一起。更多情况下，他们以不同的结合方式同时扮演所有这些角色。“科学职业的特殊性不仅导致了这样或那样的角色复合，他还导致了科学家没有直接的和明确的社会责任这一状况。科学家必须参与实际的科学工作并有所创新。他有责任维持、传递和扩展科学职业的知识。有时，他还被要求对科学知识的应用提供指导。”②

各种角色表现是否与年龄存在一定的关系呢？即角色的序列和角色的分配呈现何种状况呢？角色序列和角色分配是从不同的角度来讲的。科学家角色序列的分配既涉及个人的生活历程，也涉及科学结构的社会变迁。“从个体的角度讲沿

① ［美］默顿：《科学社会学》，鲁旭东、林聚任译，第714页，北京：商务印书馆，2003。

② 赵万里：《特殊群体》，第45页，天津：南开大学出版社，1998。

着其生命历程的各阶段变动的所谓角色序列,从科学社会系统的角度讲就是角色分配。”[①]具体来说,个人爱好与社会相互作用,产生了各种角色序列。年龄分层在科学家角色的构成中,用于教学方面的时间没有很大差别,用于研究方面的时间类似于教学,但在研究和行政管理方面却有显著的差别。“科学的社会系统为年轻科学家提供了比年长科学家更多的时间用于研究。”[②]这种状况与科学的年轻化结构一样。角色分配是衡量科学家专职化程度的重要数据。在年龄分层中,年轻者比年长者更可能把主要时间用于研究。根据美国哈蒙的统计资料,“大致说最大年龄是最低年龄的两倍,而把时间完全投入研究的比例,前者大致是后者的一半”。年龄越大的阶层越有可能专职于行政管理角色。究竟为什么会形成这种模式,默顿猜测,其动力机制与社会—心理机制出现的社会环境是不同的。也就是说,在不同的国家、不同的文化背景下,其表现是不同的。结合我国科学界实际状况来说,“学而优则仕”现象其实也造成了许多科学家的流失,有些甚至付出了巨大的代价。不难猜测,强大的文化传统对科学家的影响是多方面的。在我国,社会心理中难以挥去的“官”本位、“权”本位思想是危及科学事业的重要障碍。

(2)年龄分层

在科学家问题中,与科学家多重角色扮演紧密相关的还有一个问题,这就是科学家的年龄。年龄作为科学家身份中的一个客观数据,有时在科学运行的过程中,涉及科学成果的生产与社会承认的尺度,有时也是某些特殊事件中赋予科学家不同声望的标准,关乎科学资源的分配等等。

默顿认为,科学家年龄问题与科学的社会问题一样日益复

---

①② [美]默顿:《科学社会学》,鲁旭东、林聚任译,第717页、721页,北京:商务印书馆,2003。

杂。默顿把年龄理论产生的基础归结为两个:科学增长的要求与科学知识体系化发展的要求。默顿对年龄理论立论基础的解释基本符合当时科学发展的趋势。

随着科学事业的发展,从事科学职业研究的人越来越多。进入科学研究领域是一个长期的社会化过程。要成为一名真正的科学家,必须要经过层层学习、选拔,投入相当多的人力、物力、财力,经过长期训练后,科学家已经确立了一定的价值观,逐步确立了特定的科学精神。因此,科学领域中的职业科学家逐渐增多。不仅如此,由于高昂的成长代价和精神特质的影响,一般来说,除非特别的淘汰机制,科学家在其职业生涯中较少随意改变或退出其职业,科学家是一个相对稳定的群体。"'科学家'的地位不能只靠自我确认和自我归属,更重要的是社会确认和社会归属。"①科学家地位的确立与接受教育的程度是密切相关的。

科学家年龄问题产生的另一个原因是科学知识体系化发展的要求。科学知识的属性是不同的,不同知识系统由于体系化程度的不同,不仅会影响人们获得能力的方式,而且对科学家的年龄也提出了不同的要求。不同年龄科学家在不同的科学领域中发挥着不同的作用。在科学界,受科学知识的范围和特性的文化变迁影响,科学家的情况变得异常复杂,给科学的社会组织带来了问题。特别是与科学家的年龄同期群之间的实际关系也发生了转变。总体上,"科学界变化的年龄和教育结构,与科学家中普遍流行的自我形象即'科学是年轻人的游戏'是一致的"。②针对这种特权形象,科学家群体实际问题中的社会学分析涉及年龄结构、价值观与社会组织等等方面的内容。鉴于年龄问题有复杂的形成背景,默顿年龄理论中并没有

①② [美]默顿:《科学社会学》,鲁旭东、林聚任译,第686页、689页,北京:商务印书馆,2003。

展开描述年龄结构与科学职业中其它形式的分层的联系。

在科学界,科学研究与科学训练的目的是推动研究者较早进入研究角色。一般的假定是:具有一定年龄后,年龄越大越有经验,越熟知专业领域的发展,则越具有发现机会。但体系化程度加大后,科学上的尖端研究要求关注的范围就越窄,已成名科学家为了使自己的研究总是走在前列,培养新人就势在必行。“这种机遇结构为年轻人提供了两种优势:较早地作为有资格的年轻同事开始研究的机会,以及接受最新且相对多样化的训练的机会。这两种优势都促进了他们在其事业的早期阶段取得重大成就的机会。”①库恩在他的著作中指出,“基本的新范式的创立者几乎都是年轻人或其领域的新人”。② 但是,库恩进一步指出,这是一种极为需要加以系统研究的概括。

科学界年龄分层研究的核心问题是年龄与成果之间的关系。美国科学社会学家朱克曼通过对特殊群体——诺贝尔奖获得者的群体分析后得出,科学家在一生中从事最重要研究的时期其年龄与成果的产出率存在一定的关系。1951～1969 年的获奖者中,“这些诺贝尔奖金获得者完成其赢得奖金的工作平均是在将近 39 岁时。其中以物理学家为最年轻,平均 36 岁;化学家,39 岁;医学及生理学方面的诺贝尔奖金获得者则为 41 岁”。③ 当然,这并不能完全说明年轻人具有更高的发现率。显然,默顿也提醒我们,“做出发现时的年龄中位数告诉我们,一半的发现是在此年龄之前取得的,另一半是在此之后取得的”。④

---

①④ [美]默顿:《科学社会学》,鲁旭东、林聚任译,第 699 页、700 页,北京:商务印书馆,2003。

② [美]库恩:《科学革命的结构》,李宝恒、纪树立译,第 83 页,上海科学技术出版社,1980。

③ [美]H·朱克曼:《科学界的精英》,周叶谦、冯世刚译,第 229 页,北京:商务印书馆,1979。

(3)角色与年龄研究的意义

究竟年龄分层会带来什么样的角色摩擦？科学家的年龄分层之奥与角色表现之网成为像科学一样的艳丽画面。有不少局外人对此进行过描述，企图把握其规律。例如，科学界的天才为何多出自名师？师徒网现象存在的利弊是什么？长者与新秀合作时更易出成果？……按年龄结构切入分析的话，原因到底何在呢？卡尼格尔(R. Kanigel)曾断言，"导师既像父母又像同龄人，是两者的综合体，典型的年龄是比门生长半代左右"。[①] 导师既起教师的作用，也起主人和向导的作用，引新生入门；年长者也分享新生代的梦想，双方共同建立了科学的知识库。在许多科学奖励中，师徒共创辉煌的成功例子屡见不鲜。

在权力制度里，老人统治总是有很大的市场。科学界的老人统治虽然没有得到充分证据的证明，但默顿却从老人统治的反功能论述出发，对科学界的这一问题进行了分析。他认为，越来越多地由老科学家控制，会使科学的价值观在社会和文化的变迁率越来越高；并且由于经验过时，老科学家的年龄的优势就会越来越少。默顿以美国科学院院士年龄作参数，"院士的平均年龄是 62 岁，其中大约有四分之一的人是 70 岁或 70 岁以上。1969 年，全国研究理事会的咨询小组委员会的成员中，有四分之三的人超过了 45 岁；三分之一的人超过了 55 岁。这与 1968 年美国全体科学家(具有博士学位者)的年龄中位数是 41 岁，其中四分之一的人的年龄在 35 岁以下形成了对照。这类对比鲜明的年龄分布突出表现了老人统治模式"。[②]美国科学

① [美]罗伯特·卡尼格尔：《师从天才》，江载芬等译，第 234 页，上海科技教育出版社，2001。

② [美]默顿：《科学社会学》，鲁旭东、林聚任译，第 738 页，北京：商务印书馆，2003。

院的这种精英特征显然影响着其年龄构成。老人统治的基本涵义是年长者手中的权力过于集中。

科学家的年龄分层关系到科学家角色的最终实现,是影响科学家队伍质量的重要因素。其实现程度对国家的科学发展形成影响,关系到国家科学技术的兴盛与衰落。如果将大多数科学家年龄分层的整体情形看成连续的年龄谱的话,"当一个国家科学家队伍的年龄曲线同当时全世界科学创造最佳年龄曲线峰值相近,并且两曲线重合面积较大时,这一个国家必定是处于科学兴隆时期"。[①]

科学家角色与年龄分层构成了科学子系统的社会分层。科学社会学家齐曼则从多作者论文增多的趋势中,[②]一方面解构着科学界的权力和权威结构的变化,一方面从另一个角度陈述了不同年龄科学家合作是带给科学的结构性突破。"权力和权威的年龄分布只是一种静态的结构事实,它本身并不能告诉我们那种权力和权威实际上是如何行使的。"[③]但是,就是这些不平凡的年龄模式,却会引起一系列科学运行轨迹的动荡。科学本质上就是一项社会性的事业,它的特征是通过科学家群体的某些特征(如年龄结构)表现和阐发出来的。科学家的年龄分层与科学的发生、发展和运行都有着某种必然的联系。

默顿通过科学家角色与年龄分层的分析,认为科学社会学研究的滞后原因是多种多样的。[④] 其中包括对一些具体问题研究不够深入有关。在科学社会学研究的具体内容中,年龄问题研究被忽视也是有一定根源的。因为年龄问题仅仅是我们探

---

① 赵红州:《科学能力学引论》,第 202 页,北京:科学出版社,1984。

② John Ziman,"The Light of Knowledge:New Lamps for Old."The Fourth Aslib Annual Lecture. *Aslib Proceedings*,1970(5).

③ [美]默顿:《科学社会学》,鲁旭东、林聚任译,第 755 页,北京:商务印书馆,2003。

④ [美]B·巴伯:《科学与社会秩序》,顾昕等译,第 7 页,北京:三联书店,1991。

索现象本源时的前期征兆，但我们切不可忽视征兆的意义，表象往往就是本质的前台。科学实践的结果预示，为了全面有效地加强科技人才的管理，制定有利于科学事业发展的政策和战略，需要认真审视科学家年龄问题。

## 二、内在承认：优先权之争

在培根时代，科学发展的前提是积累的文化基础、科学家的社会互动和利用经验研究和理性研究的条件等。默顿通过考察指出，在长达三个多世纪的时间里，科学发现的“英雄论”与“社会决定论”一直处在争论中。默顿认为，这些争论都不是真正意义上的争论，争论并没有从理论上有所突破。“由于缺少一种可替代的理论，因而人们谴责我们反复在以天才为中心的英雄论和以科学发现的社会决定为中心的社会学理论之间进行假选言推理。”[①]对科学发现及其真相的解释仍然处在黑暗之中。

在默顿之前，科学发现的解释模式有两种：科学进步要么源于伟大的科学家的研究，要么源于科学知识积累的结果。默顿则提出了科学发现中的单一发现和多重发现的现象，概括地说就是多重发现假说。优先权问题是纠缠于科学发现中的一个假设，科学中的单一发现和多重发现是支持优先权问题的重要背景。科学发现问题已经引起了许多科学家与社会科学家的注意。

---

① [美]默顿：《科学社会学》，鲁旭东、林聚任译，第483页，北京：商务印书馆，2003。

### 1. 多重发现假说

在科学历史的长河中，起起落落的科学发现粉墨登场，你方唱罢我来唱，真正得出单一发现是科学巨人的专利，更多的则是多重发现，即不同时间、不同地点、对那些相关系数很大的同一问题的多重发现。

默顿多重发现假说是建立在他对科学界许多个案的系统量化分析基础上的。默顿和他的博士对多重发现中的264项进行了细致的考察。[①] 在这些发现中179项是双重发现；51项是三重发现；17项是四重发现；6项是五重发现；8项是六重发现。这264项多重发现中还有1项是七重发现，2项是九重发现。通过进一步对264项多重发现的相关的分类研究，得出了许多富有启发性的结论。例如，在时间方面，时间较为接近，所评论的20％的多重发现都出现在一年之中，其中有些是在同一天或同一个星期出现的。18％出现在两年之中，更多一些的多重发现则出现在十年或更长的时间内。在间隔时间与出现争议方面，多重发现出现的间隔时间越短，所引起的关于独立发现或优先权的其他方面的争议就越少。在一年之内做出的多重发现中，只有大约一半涉及了优先权的争论，而在20多年的时间内做出的多重发现中，有五分之四都卷入了争论之中。在发现者的国别身份方面，尽管存在着民族中心主义，发现者分属不同的国家，涉及优先权的冲突的可能性也比较小。在因科学发现而发生冲突的频率方面，因多重发现导致科学家之间发生冲突的频率，似乎处于下降的趋势。可见，在科学的发展过程中独立的多重发现，比通常人们所假设的要频繁得多。尤其是伴随着科学的制度化，在相当多的研究者同时进行的科研活

---

① ［美］默顿：《科学社会学》，鲁旭东、林聚任译，第503～504页，北京：商务印书馆，2003。

动中,单一发现的实质是时间占先的多重发现,人们会不止一次地做出同样的发现,而宣布发现有可能会阻止别人完成与宣布者在同一方向上的工作。

默顿认为,多重发现为社会学研究提供了一个基础。从社会学的角度看,科学共同体也存在一些亟待研究的课题,不能再把科学共同体当作似乎是完全和谐的整体了。许多伟大的科学家,比其他人更多地卷入了多重发现。伽利略和牛顿如此,法拉第和麦克斯韦亦如此,还有胡克、卡文迪什、高斯、拉普拉斯、拉瓦锡等等。在科学天才的作用与做出科学发现的成果的关系之间,默顿阐述了他的看法,"科学天才个人在功能上等价于一大批具有不同天资的科学家"。

### 2. 科学史上的优先权之争

默顿的多重发现假说揭示了科学系统中科学家活动的目标。但是,科学家对科研目标的追逐,并不是为了发现而发现,其最终目的是争夺发现的"优先权"。对于科学家来说,其目标是扩展被证实了的知识。要做到扩展新的知识,必须要求科学家的研究成果具有独创性。获得同行对独创性的承认乃是科学体制对每一位科学家的规范性要求。这种压力和要求使得科学家义无反顾地为维护自己的优先权而斗争。"优先权之争"是科学发现的体制性根源,默顿认为,优先权之争的实质是同行"承认"之争。

在科学史上,科学发现的优先权之争是一种普遍的现象。在过去了的几个世纪里,"无数的科学家,其中既有大科学家也有小科学家,都参与过这种刻薄的论战"。① 例如,17 世纪,伽利略为了捍卫自己在科学方面的发现,竟不得不与四位想要与他

① [美]默顿:《科学社会学》,鲁旭东、林聚任译,第 385 页,北京:商务印书馆,2003。

争夺优先权的人展开论争。在奥格本的《社会变迁——关于文化和先天的本质》书中所列举的发明与发现一览表中显示，涉及伽利略本人的就有七项。这七项成果其实都是与其它科学家同时取得的(根据默顿后来的观点，这应该属于多重发现)。[①]而科学泰斗牛顿，与胡克之间就有关光学和天体力学的引力理论发生过论战，与莱布尼茨在微积分方面进行了长期的论争。胡克则不仅与牛顿有争，还与惠更斯就用于消除地心引力作用以校准时钟的螺旋弹簧摆争夺过，有评论者描述胡克是一个“什么都想要的人”，尽管胡克是那个天才辈出的时代的最有发明的人之一，有人也讽刺他“几乎没有哪项他那个时代的发现，他不认为是不归他所有”的。18 世纪的科学史也是充满了优先权之争。在卡文迪许、瓦特和拉瓦锡三人之间，就水的化合物性质的证明，进行过优先权争夺。海王星的发现也是这个世纪的重要成果和争论所在。英国人亚当斯和法国人勒维烈都推断了这颗行星的存在并预言了它的位置，后来人们在他们各自独立的计算出的位置上，发现了海王星。19 世纪，利斯特与勒梅尔之间关于防腐法的优先权之争；法拉第与沃拉斯顿之间的关于电磁旋转的优先权之争，甚至影响了他被选进皇家学会。在数学界，拉普拉斯、高斯、柯西也都卷入了优先权之争。优先权之争，“实际上它们成了科学家之间社会关系的一个不可分割的部分”。[②]

自然科学的学科中是如此，在社会科学领域中也存在这种现象。如，究竟谁是社会学的创始人，是圣西门还是孔德？精神分析法是弗洛伊德先掌握还是雅内抢了先？当然，优先权之

---

① [美]威廉·费尔丁·奥格本：《社会变迁——关于文化和先天的本质》，王晓毅等译，第 45～59 页，杭州：浙江人民出版社，1989。

② [美]默顿：《科学社会学》，鲁旭东、林聚任译，第 388 页，北京：商务印书馆，2003。

争只是现象的一个方面，那么另外一个方面是什么呢？是科学家的动人的高尚行为，包括谦让、克制，甚至长期隐瞒成果？还是优先权之战背后的硝烟弥漫？

科学史上存在着大量的优先权之争。默顿认为原因是两方面的。

第一，同时性发现。同时性发现现象的存在，是优先权之争的原因之一。这是因为，优先权之争的前提是同时性发现的存在。但是，科学史上的大量事实证明，并非所有的同时性发现都会导致优先权之争。例如，在生物进化论的发现过程中，达尔文和华莱士的工作就是彼此独立的，可双方都试图把荣誉让给对方。因此，同时性发现并不一定必然导致优先权之争。

第二，人类和科学家的自我中心主义。一般认为，人类具有自我中心的天性。科学家也是人，因而也是自我中心主义的。科学发现的优先权之争就是科学家这种自我中心主义的表现。从“人类”的角度解释一个问题存在的原因，解释力过于宽泛，较为空洞，这种解释阻断了进一步深入探索的可能性。不仅在理论出发点上是站不住脚的，而且与科学史史实也不符。关于优先权的论战常常涉及一些通常具有谦逊气质的人。如卡文迪什就是一位被描述为“毫无野心，平易近人，要花很大的气力才能说服他公布他的主要发现，而且害怕张扬”的人，可偏偏是他，卷入和瓦特等人之间争夺关于水的化合物性质发现的优先权。有时候，优先权之争的关键人物不是发现者本人，而是他们的朋友。朋友常常为他的科学成果的优先权积极地辩护，这是用自我中心主义天性所难以解释的。事实表明，用人类的自私本性或某些科学家个人所具有的自私之心来解释优先权论战的原因，是很不恰当的。“在社会思想史中，正如人们从孟德斯鸠时代、到孔德和迪尔凯姆时代、再到今天一直看到的那样，不少人在自己的理论中进行冒险，想跳出人类的天性，采取某些特殊的社会行为，但后来他们又都放弃了。”[1]

除却上述原因之外，默顿认为，关于优先权之争的深层原因，还应当到科学体制的规范性要求中去寻找。只有从科学的建制目标和科学家的行为规范入手，才能对优先权之争产生正确的理解，同时揭示科学奖励系统在科学的社会运行中的作用。“关于优先权的争执并非仅仅是由科学家个人的品质所导致的，而是由科学的制度所引起的，科学制度把独创性解释为一种最高的价值，因此使得一个人的独创性是否能得到承认成了一个事关重大的问题。”[2] 默顿认为这才是一种合理的解释。他说：“对一个人所取得的成就的承认是一种原动力，这种原动力在很大程度上源于制度上的强调。对独创性的承认成了得到社会确认的证明，它证明一个人已经成功地实现了对一个科学家严格的角色要求。科学家的个人形象在相当程度上取决于他那个领域的科学界同仁对他的评价。”[3]

### 3. 优先权之争的功能与反功能

科学制度对独创性的巨大奖励吸引着科学家对优先权的争夺，但是科学制度又强调为了知识进步就要对它无私奉献。“关心优先权但又对这种关心持有矛盾心理，表明了科学的价值系统对个人的影响。”[4] 当科学制度有效地发挥着作用时，科学家所得到的承认和尊敬会自然而然地增加。“科学家们并不一定只是一味地寻求赢得同行们的喝彩，只不过，当这种喝彩响起时，他们会感到愉快和满足。”[5]

科学制度强调独创性，对优先权的争夺有益于加快科学发展的速度。但是一旦这种强调过了头，科学制度的功能就可能适得其反。科学制度有自己的价值观念、规范和组织结构。科

---

①②③④⑤　[美]默顿：《科学社会学》，鲁旭东、林聚任译，第 390 页、396 页、395 页、551 页、552 页，北京：商务印书馆，2003。

学奖励是按照科学家成就的大小给予的。当科学制度的运行正常时,知识的增加与科学家个人名望的增长是一致的。“但这些制度的价值观在质的方面也有其缺陷。当对独创性的强调和对其承认的强调拔高时,这种制度可能会在一定程度上失去控制。”①科学制度及其对独创性的奖励,是导致科学家的越轨行为的间接动机。在巨大的制度压力下,科学家可能产生失范行为。科学中的失范行为大致分为以下几种类型:

(1)欺诈行为。科学越轨行为中最极端的情况就是使用欺诈手段以获得有独创性发现的荣誉,主要包括欺骗、伪造证据、修改实验观测结果。欺骗和伪造就是在研究活动中编造虚假的数据。欺诈行为的根源有些是贪财,有些则完全是出于另外一种类型,就是不再满足于现有程度的名望而胆大妄为地涉足伪造。在欺诈行为中伪造证据对科学来说有时又是正常的。为什么这么说呢?因为要证明一种理论是真理或者要做出一种惊人发现,就会伪造科学证据。例如,1925 年,米丘林的拉马克理论占据着统治地位。生物学家保罗·卡默勒就制造了一种有斑点的蝾螈,从实验上证明了拉马克的理论,并因此获得了莫斯科大学的一个席位。后来有证据表明,这一物种是伪造的时候,卡默勒便把这一欺诈行为归咎于一名助理研究人员,而他自己则自杀了。由于过分关心科学工作的成就,有些有欺诈行为的嫌疑人还会对科学观测数据进行有意的修改和“加工”。科学界的欺诈行为是少见的,但是,一旦被发现,欺诈者则永远是名声扫地。“大力强调有独创性和有重要价值的发现,加剧了科学领域的竞争,这种竞争有时可能会怂恿人们使用不正当的或可疑的手段。”②

科学界的欺诈行为在现代也是屡见不鲜。例如,2004 年 2

①② [美]默顿:《科学社会学》,鲁旭东、林聚任译,第 441 页、423 页,北京:商务印书馆,2003。

月 12 日，黄禹锡领导的科研组在《科学》杂志网络版上发表论文，称在世界上率先用卵子成功培育出人类胚胎干细胞，该论文的印刷版发表在 3 月 12 日出版的《科学》杂志上。韩国政府授予黄禹锡"最高科学家"称号，以表彰他在世界上首次成功培育出人类胚胎干细胞。但很快，经过韩国首尔大学调查委员会的调查，证实黄禹锡科研组发表在《科学》杂志上的论文系"有意造假"。韩国政府决定取消黄禹锡"最高科学家"称号，并免去他担任的一切公职。黄禹锡当即承认在编造科学数据过程中扮演了某种角色，辞去首尔大学教授的职务，并向国民道歉。黄禹锡的现代科学论文造假案的查处，表明科学来不得半点虚假。黄禹锡故意捏造科学数据，显然不是为了发论文、评职称，甚至不是为了出人头地、名满天下。按照那些已达到顶峰的人的经验，从山下到达顶峰似乎只是到了另一个起点。因为，鉴于他之前在克隆研究方面取得的成就，他已经拥有了韩国"克隆之父"、"民族英雄"等头衔。荣誉对于一名科学家来讲也许意味着前进的动力，但更多的功利心则意味着巨大的压力。有专家分析黄禹锡造假的动机，不排除可能是期望以更突出的成就、更惊人的成果来回应公众对他的热切期待。这种社会压力通常会让那些已经登上了科学成就高峰的人不满足于现状，对自己的抱负也不断提高，他们不停地工作。社会对他们的期望也会越来越高。但这种动力和压力需要维持在一定的尺度之内。一旦崩溃，则全盘皆输。也有专家指出这是社会文化中的急功近利的思想使之然。无论如何，黄禹锡造假案将带给科学家、伦理学家、社会学家更多的思考。默顿指出，"科学探索实际上是处于严厉的管制之下，其程度也许是人类活动的任何其他领域都无法与之相比的。个人是否诚实要由科学的公共性和可检验性来证明"。[①]

① [美]默顿：《科学社会学》，鲁旭东、林聚任译，第 423 页，北京：商务印书馆，2003。

(2)剽窃、中伤等。剽窃以及中伤或攻击他人有剽窃行为是科学界最常见的一种盗窃行为。历史记录表明,科学界真正的剽窃案数量并不是很多。在优先权的竞争过程中,血缘关系和业缘关系并不会互相排斥,科学史也有兄弟反目、父子为仇的情况的发生。例如,18世纪法国的数学家伯努利兄弟就为了优先权问题互相攻击,后来他们的父亲又更进一步地处理了此事,把自己的儿子赶出了家门,据说是嫉妒他的儿子获得了一项他自己觊觎了很久的国家科学奖。[①] 在剽窃案的论战过程中,关于剽窃的相互指责通常是完全敌意的,甚至包括为了指出对方的剽窃不惜再增加欺骗。科学界的越轨行为给科学的奖励系统增添了许多压力,为了捍卫优先权和证明科学家正直的努力,科学制度也开始建立相关的制度,期望达到既确立优先权观,又不会使竞争对手在他的发明或发现完善之前注意它们。例如,科学杂志在发表的论文中注明该文的收到日期。也有人建议在科学界建立类似专利局似的机构,以便裁决竞争对手对优先权方面的要求。

(3)退缩行为。这是科学家面对压力或者是为了控制自己的行为,也可能是为了回避优先权之争,从争夺独创性的竞争中退出或从相关的研究领域撤退,甚至放弃科学职业。

默顿认为,部分科学家是在本应给予他们的承认遭到拒绝以后,从研究领域撤退了。“可能最值得强调的是这样一种情况,给予科学家的承认与他的事业或者甚至与他的工作成绩不相称。”[②] 而且对这些个案的研究多得到的是精神病学家的注意。默顿认为需要对问题给予重视。“这类行为虽然仍然没有超越习惯规则所允许的范围,并且不会像造假那样受到道德的谴责,但正在接近越轨。”[③] 这说明了科学的社会结构的复杂性,

---

①②③ [美]默顿:《科学社会学》,鲁旭东、林聚任译,第428页、436页、436页,北京:商务印书馆,2003。

科学界的失范行为应该不仅仅是个制度问题，也不完全是个社会—心理学问题，其原因需要具体问题具体分析。

默顿认为，这些失范行为有深刻的制度根源。从制度上来说，其中前两种行为是为了迎合科学界强调优先权要求所做出的过于主动的反应；后一种则是对压力之下的被动反应。而且，这些被动反应几乎都是私下的表现，公众不易觉察，科学史中也很少记载。对于科学家而言，关键是对独创性的追求需要准确地把握一个“度”。例如，有些科学问题的发明、发现或解决有时可能会仅仅相差几小时、几天、几个月或几个星期，也有一些是真正的各自独立地做出的。例如，天文学历史上的康德—拉普拉斯星云假说，虽相隔几十年，但却道出了星云假说的共同理论。所以，不能仅靠优先权的裁决来判定科学家独创能力的大小。优先权并不是对科学家的独创性做出评价的唯一标准。

## 三、承认的交互作用：承认中的复杂性

默顿对科学承认问题的探究，充分体现了一个社会学家的视角。他的看法既保持了科学与社会的关联性，又对科学内部各结构的影响元素，发挥了其社会学想象。他不仅对科学界内部的优先权之争阐发了自己的独到见解，对承认的微观细节进行了分析，还将承认的认识视角扩展到宏观角度，对承认主体评议人体制、承认过程中的累积效应、科学承认与社会承认的交互影响，以至科学承认的制度保障都进行了探讨。笔者认为，科学家对科学的理解是一种局内人立场，社会学家对科学结构的理解则具有局外人的“兼信”。默顿对科学承认复杂变

量的解析，表明科学客观性的实现是一个不断完善、不断发展的过程。

### 1. 评议人体制

同行评议是科学制度的一个重要组成部分。评议人体制就是“完全能够对科学研究工作的质量做出有效评价的一个重要的制度机制”。[①] 默顿认为，根据科学规范中普遍主义的要求，对研究成果所作的判断，应由同行根据该学科的发展现状来确定是否应当给予承认。1971 年，默顿与朱克曼合作发表了《科学界评价的模式：评议人体制的制度化、结构和功能》，后来这篇文章被以《科学界评价的制度化模式》为名，重印在《科学社会学》中。在这篇文章中，默顿对科学界存在的评议人体制的系统运作、评判内容、评议人的组成结构以及功能发挥进行了探讨，为评议人体制的完善提供了重要的依据。

科学界的评议人体制包括系统地运用判断，对提交发表的成果是否可以采用进行评价。社会系统中的每一制度领域都有类似的鉴定者。鉴定者是社会实现其控制的重要执行者，是评价系统的组成部分，鉴定者保持或提高着本领域角色表现的标准。就科学杂志和学术杂志而言，重要的鉴定者就是编辑和评议人。科学界和学术界评议人的工作包括发表评论、对重要的论文给予审查鉴定、审核研究项目、对专业领域的成果做出评价等等，其判断是公开化的。

评议人体制是随着科学制度化推进过程中出现的，默顿从四个方面对评议人体制进行了考察，为我们认识这种制度提供了有益的参考。

首先，评议人体制的制度化过程。

---

① [美]默顿：《科学社会学》，鲁旭东、林聚任译，第 573 页，北京：商务印书馆，2003。

17世纪晚期，评议人体制最早萌芽于对角色和程序体系评定的制度化。为了发展和传播科学知识，科学学会创办了杂志来交流研究成果。“早期人们仅仅把手稿拿去印刷，除作者本人外，无人对其内容做充分的评论，由此慢慢形成了这样的做法，即尽管有时是在发表之后但主要是在此之前，通过按制度指定的和显然可胜任的评议人所作的评价，确认手稿的内容是否适当。”①在撰稿过程中，构成了科学家的新角色，这种行为模式也构成了评议人体制的基础。

评议人体制是适应科学家的不同利益而出现的。作为科学知识的生产者，科学家关心的是通过发表其研究成果，期望得到其它科学家与科学共同体中的评议人的承认，实现研究的价值认可。作为科学产品的消费者，他们关心的是其他人的成果得到有相当水准的评价，这样他们就可以依赖这些可靠的知识。作为满足这些需要的组织机制，科学机构希望通过组织可以信赖和获得较高水准的评价，保持其权威地位，所以他们鼓励科学家公布他们新的研究成果。“因而，科学杂志几乎从一开始就发展了评议方式，以表明要控制它们所发表的稿件的质量这一目的。”②

其次，不同学科和研究领域的评价方法。

由于评议人体制的制度化，在科学和人文科学中已普遍采用了评议人体制。默顿通过对杂志的稿件拒用率的抽样调查表明，在主要的科学和学术领域中，杂志的编辑和评议人的评价过程有明显的差别。人文学科方面的稿件拒用率最高，接下来是社会科学和行为科学，紧接着是数学和统计学。物理学、化学和生物学的稿件拒用率最低，其稿件拒用率只有人文科学

①② ［美］默顿：《科学社会学》，鲁旭东、林聚任译，第636页、646页，北京：商务印书馆，2003。

方面的三分之一。[1] 不同学科之间存在显著的差异。这种差异主要表现在杂志越偏重于人文方面,对稿件的拒用率就越高;杂志越偏重实验和观察方面,越强调观察和分析的严密性,对稿件的拒用率就越低。不同的杂志其拒用率的原则也是不一样的。高拒用率杂志的原则是,当有疑问时,拒用;而低拒用率杂志的原则是,当有疑问时,采用。因此,默顿总结,“学术杂志的制度化行为中的这些不同,还可能部分地反映了不同学科在就学术成果的标准达成一致的程度方面有差异”。[2]

第三,评议人的行为分析。

在分析评议人的行为中,默顿主要以美国20世纪60年代的《物理学评论》杂志的档案为例,不是仅仅分析实际发表在此杂志上论文的分布,而是从几个不同的方面,分析了编辑和评议人所作决定的方式。首先,评议人采用或拒绝稿件是否受作者的外在特征的影响?一般来说,杰出科学家在给杂志的投稿上,无论是论文的数量还是质量上都较多。但是,在对实际发表率进行统计时则发现:一流大学物理系的物理学家的论文约有91%被采用,而其他大学的物理学家的论文的采用率是72%。很显然,投稿者的地位不同,评议人在评价模式的选择上就不同。被拒绝率会随着投稿者知识条理化方面的差异而有所不同。要解释这种行为的差别的存在原因是很复杂的。有稿件本身的差别,由于科学家的能力和他们所处的学术环境质量各不相同,稿件的内在质量就存在差异,评议人采用率的差异就产生了;也不排除存在科学家所处地位的影响。“这一假设表明,作者和评议人二者的地位对稿件的判断有重要影响。因此,具有相同的内在价值的研究成果会由于这些地位因素而得到不

①② [美]默顿:《科学社会学》,鲁旭东、林聚任译,第647页、649页,北京:商务印书馆,2003。

同的评价。”[①]

其次，关于评议模式的分派因素。评议人体制要求由学科专家对稿件做出评价。评议人在不同等级的作者中的分派模式，分为“寡头政治”模式、“人民党主义”模式、“平等主义”模式和专家决定模式。杂志的稿件评议人分派的模式基本上是专家决定模式。专家决定原则假设公认的专家决定实际上与声望序列等级有关，专家决定和资格是使评议者与所评议论文的作者相匹配采用的主要标准。“由杰出科学家撰写的论文要由与其地位相同的人来评议，不一定意味着要求有一个内部的物理学家圈，在封闭的相互支持系统中对彼此的研究做出评价。”[②]通常的评议方式是，评议人的地位通常高于作者，而不是相反。

最后，评议人体制的功能。

评议人的作用是科学研究成果质量的把关者，他们的作用对不同成员来说是不同的。评议人的活动对学术期刊的编辑、论文的作者以及相关科学共同体都有一定的影响。评议人体制对科学家个人、科学交流和科学发展具有重要的功能。例如，在美国，同行评议制度是国家科学基金制度的核心。美国NSF有数万名科学家（包括部分国外科学家）作为项目评审专家，以保证资助以及项目的质量，对参加同行评议的科学家不给报酬，只是每年年终公布参加同行评议的科学家名单。这些科学家把自己能够被选择参加同行评议作为一种荣誉。同行评议制的实行和不断完善，提高了项目评审的公开性、公证性、可靠性和效用性，较好地保证了科研资源配置系统的良好运行。

人文社会科学研究成果的评价者，主要是指同一领域或相

①② ［美］默顿：《科学社会学》，鲁旭东、林聚任译，第661页、667页，北京：商务印书馆，2003。

近领域内的学者或专家，包括人文社会科学研究成果的作者本人和他的同行。同行的评价是对研究成果进行评价的最主要的组成部分。由于同一领域或相近领域的研究者熟知该领域的发展概况，并且遵循的是同一套研究范式，因此他们更清楚一项研究成果在学术上所达到的高度以及其应用前景。与此同时，他们作为同行也更关心自己领域或相近领域学术前沿的发展情况，因此，评议人会依据自己的知识自觉或不自觉地对该领域内的研究成果做出评价。

对广大的科学研究和学术期刊的编辑来说，日常工作是处理一般论文。遇到难以评价的论文时，评议人就可以发挥其重要作用。因为有些稿件并不是明显地就能够鉴别出其学术缺陷，问题稿件需要专家审查。评议人与作者的关系原本是对立的，但真正认真履行其职责的评议人，对作者具有重要的作用。比如给作者一些修改建议，为作者提供更详细的参考文献，极力促进研究成果的面世等等。评议人的另一个重要职责就是对评议人的评议。“对评议者的筛选，似乎像对将要发表的论文的筛选一样，也是评议人体制的一种功能。”①作为评议人，自身也需要不断学习，掌握学科发展的前沿动向。评议人与作者之间也不是不存在矛盾。有时评议人可能从相关作者的论文中激发了研究灵感或获取了研究线索，但被作者诉诸为剽窃或成果掠夺的状况也可能发生。科学界对知识产权的重视为处理评议人与作者之间的矛盾提供了可能性，也为评议人体制的完善做出了贡献。

评议人体制的作用是非常重要的。齐曼认为，科学论文的发表绝不是不受限制的。发表在有声望的杂志上的文章并不仅仅反映其作者的观点，它要得到作者可能已经咨询过的编辑

① [美]默顿：《科学社会学》，鲁旭东、林聚任译，第675页，北京：商务印书馆，2003。

和评议人的认定，签署表明它具有科学可靠性的发表许可意见。化学家伦纳德·K·纳什教授把“科学杂志的编辑和评议人”，称之为“科学的高尚品质的主要维护者”。迈克尔·波兰尼则认为，“科学家必定要在决策中加入个人判断的元素”。① 尽管存在着许多对科学成果的不同的评价方法，科学的权威机构还是发挥了一定的作用，保持了评价的一致性。

2. **承认的优势积累：“马太效应”**

科学中的“马太效应”是指在获得承认的过程中，那些有名望的科学家更有可能被认定取得了更多的贡献，而对于那些尚未成名的科学家，这种承认就会受到抑制。默顿对马太效应的研究，说明对科学家承认的过程中，存在一些社会心理因素，这种因素会影响承认的过程与结果，科学界普遍存在引发马太效应的社会心理条件和机制。

默顿之所以把这种对科学成果之荣誉的不平等分配的复杂模式描述为马太效应，是源引自《圣经》中的《马太福音》：“凡有的，还要加给他，叫他有余；而没有的，连他所有的也要夺过来。”②默顿提出马太效应的范畴是在1968年，但他至少从1961年起就在其他文章涉及了这个现象（比如我们在前面讨论的优先权之争，就渗透着争执各方不同的相持力量，这些力量有时就是一种变相的马太效应影响的结果）。默顿把这种过程称之为“马太效应”，承认中的积累的结果，形成了“马太效应”的中心。“科学的社会结构提供了一种相互联系的环境，在其中可以探讨这种既影响科学的奖励系统、又影响科学的交流系统的复杂的社会心理过程。”③ 也就是说，“马太效应”不仅会影响承

---

① ［英］M·波兰尼：《科学、信仰与社会》，王靖华译，第98页，南京大学出版社，2004。

②③ ［美］默顿：《科学社会学》，鲁旭东、林聚任译，第614页、610页，北京：商务印书馆，2003。

认的过程与结果，还会影响科学中的奖励系统和交流系统。

马太效应存在的社会基础是广泛的。在科学荣誉的分层中，当一个人取得了一定程度的知名度，他们此后就不会远远跌落到此水平以下。尽管他们可能会被新人超过，下降的也只是其相对声望。一个科学家的贡献主要体现在其做出的巨大的科学成就上。但对于太多望其项背的后学来说，杰出科学家的超凡魅力是激发他们的学术热情，是一种唤起。马太效应的存在与影响可以通过诺贝尔奖获得者为例来证明。在科学界，诺贝尔奖是最高荣誉。一个科学家一旦获得诺贝尔奖，终生都是诺贝尔奖桂冠者。很多人都把获得这种桂冠，或投身其麾下与其共同工作，看作是研究工作中获得成功的重要途径。根据朱克曼对诺贝尔奖获得者的采访，[①]诺贝尔奖得主提供了有关马太效应的推定证据。如早期在别人手下工作过的获奖者的人数，在84位美国的诺贝尔奖获得者中，有44人年轻时就作为有能力的科学家，在总共63名诺贝尔奖获得者手下工作过。在共同工作的荣幸中，他们认为自己是那些诺贝尔奖获得者光环的最大受益者。当然，当一个人在完成了一定的科学成就，如果他还能继续努力工作创造新业绩，则证明他具有非凡的能力。“科学家同行及其他同事都认为，他的每一项科学成就只是新的和更大成就的前奏。”[②]对科学家来说，马太效应会影响每个人的事业。

马太效应存在的心理基础也是广泛的。一位诺贝尔奖获得者在谈到同事的心理支持的作用时暗示了这种影响：研究是一种辛苦的游戏。工作通常会持续数月甚至数年，有时似乎毫

---

① [英]H·朱克曼：《科学界的精英》，周叶谦、冯世刚译，第352页，北京：商务印书馆，1979。

② [美]默顿：《科学社会学》，鲁旭东、林聚任译，第609页，北京：商务印书馆，2003。

无进展，让人觉得非常茫然，不知什么时候才会出现新的突破。这时最好的帮助是在工作或生活的周围能有人给一点鼓励。“而一位杰出科学家提供的认识素材，可能会比一位无名科学家提供的大致相同的素材有更大的激励价值”，这也是另一种马太效应的社会心理基础。

“马太效应”既是一种承认中的优势累积，也有重要的激励作用，它可以强化科学家的自信心。对于那些充满自信，不懈探索的人来说，研究成果得到承认后，他们对科学真理追求的步伐将更加快捷。“这种自信心一部分是固有的，一部分是在有创造性的科学环境中体验和交往的结果，还有一部分是后来社会确认了他们的社会地位的结果”，[①]这种自信鼓励了科学家们的研究。而对于那些处于科学事业发展的早期阶段的人来说，由于缺乏各种资本，也可能迟迟无法获得认可，得不到共同体的承认。这些不利结果会影响科学家的进取心，使他们产生挫败感，对研究事业形成副作用。事实上，科学生涯中，无论是成功或是失败，很少会呈现出直线发展的情形，多数都是一种类似逻辑曲线的走向，“马鞍形”、“之字式”、“螺旋形”比比皆是。

“马太效应”会对科学交流产生一定的影响。为了促进科学的进步，科学家要提出新的思想、开发新的实验、阐述新的问题、寻找新的方法。科学是公共知识汇集的世界，科学家需要把这一切公之于世并与他人交流。科学是一种由社会共享并在社会中得到证实的知识体系。为了科学的发展，只有那些被科学共同体认同了的研究成果才是有意义的。从这一视角来看，科学家的贡献只有及时地进入科学交流网络，才能得到科学界的承认，在合作研究和多重发现情况中，马太效应可能会

① [美]默顿：《科学社会学》，鲁旭东、林聚任译，第632页，北京：商务印书馆，2003。

提高新的科学交流结果的知名度，促进科学的发展。马太效应的作用给我们揭示了科学声望的意义。

马太效应除了在科学奖励和交流系统方面的作用外，还会对科学资源的分配系统产生作用，这种作用可以用“优势积累”这个词汇来表述。优势积累在诸多社会分层系统中都会发挥作用。以教育机构为例，著名大学或研究机构会比那些尚不出名的大学或研究机构分配到更多的研究资源。在学生的选择上，能吸引更多成绩优异的研究生。所培养的研究人员在取得成就方面也成果显著突出。例如，美国的6所大学（哈佛、伯克利、哥伦比亚、普林斯顿、霍普金斯和芝加哥）培养出了全美24％的物理学和生物学博士，在所培养的全部博士中有65％的人后来获得了诺贝尔奖。此外，12所著名大学都设法留住那些特别有天才的科学家，他们中有60％的人后来成为了获奖者。与之相比，它们所培养的其他博士只占35％。这些资源优势使科学人才在社会选择的过程中更趋于集中。“社会意义上的马太效应原理，明显地表现在那些现在导致科学资源和天才集中化的社会选择过程之中。”①要打破这种长期积蓄出来的框架，困难程度是非常大的。多数情况下，研究人员都很难摆脱“马太效应”的影响。

默顿对马太效应利弊的研究使我们看到科学家群体与世俗社会所具有的相似性。一方面，它可以使科学人才通过马太效应的正响应竞争达到公正。另一方面，也可以在一定程度上避免马太效应的负效应，使科学资源的分配方面更趋合理。

### 3.承认的制度保障：科学奖励制度

默顿的科学观认为，追求真理、扩展被证实了的知识是科

① ［美］默顿：《科学社会学》，鲁旭东、林聚任译，第632页，北京：商务印书馆，2003。

学的目标。为了实现科学的目标和按规范行事，需要建立一套奖惩制度作为保证。默顿指出："即使到了今天，科学基本上已经职业化了，但从文化上讲，对科学的追求仍被定义为主要是一种对真理的不谋私利的探索，其次才被说成是一种谋生的手段。与对这种价值的强调相一致，奖励是按照成就的大小给予的。"①科学奖励制度是承认的制度性保障，奖励制度的研究具有重要的科学与社会意义。

人类社会产生以来，奖励就是一种积极的社会控制手段。科学奖励活动实际上交织在各种文明的形式中的。金钱不是科学共同体评价与补偿科学家工作的最恰当方式。默顿认为，相对于物质性奖励来说，科学奖励主要是名誉性的。默顿指出："像其他的社会制度一样，科学有其自己的根据角色表现的情况分配奖励的系统。这些奖励大部分是名誉性的。"②科学奖励制度和其他报酬体系是有区别的。奖金的意义主要在于它的象征性。因此，科学奖励的目标应该是加深奖励的庄重性和社会影响。

(1)科学奖励的方式

随着科学的发展，科学界已经逐步形成了一套相对完善的科学奖励制度。这一制度主要由两种类型的奖励方式组成：一种是命名法；一种是奖金、奖章、荣誉性称号、文献记载等方式。

命名法就是用科学家的名字命名其科学发现，把科学家的名字加在他们发现的全部或部分现象之前。在漫长的科学技术发展历史中，大量的承认方式里，排在第一位的就是命名法。通过这种方式，科学家们会在人类文明史上留下他们不可磨灭的标记，把他们的名字写进科学语言之中。

在命名法中，包括各种各样的层次与形式，最高的形式是

①② [美]默顿：《科学社会学》，鲁旭东、林聚任译，第440页、440页，北京：商务印书馆，2003。

时代标志。以做出过划时代贡献的科学家的名字命名他所处的时代，如牛顿时代、达尔文时代或弗洛伊德时期。其次是获得一门科学或学科之父的美誉，有的科学家被尊奉为某学科或新的科学分支之父。如居维叶——古生物学之父，法拉第——电子技术之父，冯特——实验心理学之父，皮尔逊——生物统计学之父等等。现在几乎每一学科、分支或专业都与自己的创始人的名字挂上了钩。第三种命名法是以某一学科曾提出过主导性理论的科学家的名字命名该学科。如哥白尼宇宙体系、亚里士多德逻辑学、欧几里得几何学、布尔代数和凯恩斯经济学等，其中包括一种极其稀少的情况：同一个科学家既因为其取得的成就，也因为其没有取得的成就，取得双重的荣誉，如欧几里得几何和非欧几里得几何等。第四种命名法是以发现者的名字命名科学的定律、理论、原理、假说、仪器、常数、物理单位、物种、星体等各种类型的发现和发明。这个范围非常广泛，如布朗运动、普朗克、安培、库仑、焦耳、洛伦兹曲线、哈雷、帕金森病等等。总之，以名字命名是科学界中一种最持久、声望最高的承认方式。

第二种类型的奖励形式是奖金、奖章、荣誉性称号、文献记载等方式。科学奖励系统是个复杂的体系。在各种各样的奖金、奖章或荣誉职位、荣誉称号里，也有着不同的层次或等级。如奖金中的诺贝尔奖、菲尔兹奖等；名誉职位和称号中的英国皇家学会会员、各国科学院院士以及某些国家的贵族爵位等。科学史家会将发现者的名字载入史册，具有永恒的纪念意义。众所周知，大学一直把名誉学位授予科学家以及更大量的慈善家、工业家、企业家和政治家。科学奖励的形式尽管种类不一、名目繁多，但无一例外地都以同行对独创性的承认作为核心和基础。金钱和各种物质待遇在科学奖励中所起到的作用仅只是象征性的。这种形式的承认，与一定的社会历史条件或社会经济条件有关。

(2)科学奖励的实质

科学奖励的实质是对有创造性认知价值和社会价值的科学活动的积极肯定。

按照默顿的思想,科学奖励制度的运行,是按照科学家所取得的成就大小赋予奖励的,而成就的大小需要由科学共同体予以评价。科学奖励制度是科学共同体通过对科学家所作贡献予以承认,实现对科学家的行为进行社会控制的一种手段。科学家坚忍不拔地从事科学研究,做出科学贡献,其最高的报偿就是获得科学共同体的承认。默顿指出,科学王国的基本通货就是承认。“科学是特别具有社会性特点的领域,而不是唯我论世界的聚合物。对成果的不断评价和承认,完善地构成了一种使科学界融为一体的机制。”①科学家对科学发现优先权问题的关注目的,就是为了证明自己实现了科学建制目标规定的增进知识的任务和自己作为一个称职科学家的角色,关注科学共同体对自己所作贡献的承认。优先权之争间接地反映了科学家对科学规范的遵守和角色期望的满足。默顿的弟子科尔兄弟也认为:“在科学中,承认是财产的功能等价物,要求得到‘承认’确实是科学家不可剥夺的权利。”

(3)默顿学派对科学奖励系统的研究

科学奖励系统的研究是科学社会学研究的核心领域。其中,默顿及默顿学派的弟子们对这个问题的研究进行了长期且广泛的论证。

默顿认为,科学奖励系统与社会的关系从总体运转来说是好的。科学奖励系统根据科学家作为新知识的发现者或角色表现情况对科学家给予奖励。默顿指出,科学界的酬劳是科学

---

① [美]默顿:《科学社会学》,鲁旭东、林聚任译,第554页,北京:商务印书馆,2003。

发展的动力，科学家在社会环境中追求知识希望他们的成果能够得到应有的酬劳，正是这种愿望促使他们自觉遵循科学规范，因而只有符合科学规范的成果才能获得承认。科学产出率和科学共同体对成果给予的承认，是奖励系统的两个重要方面。但在整个问题上，默顿只提出了科学运行的动力，但没有进一步论证科学家怎样才能得到承认。因此，默顿学派的追随者们对承认的分配问题展开了研究。

加斯顿是默顿科学社会学学派的成员，他的研究工作的一个重心目的是对默顿理论进行验证并赞同默顿的观点。加斯顿认为，有些科学家所得到的承认与他们的成绩不相符合。他在默顿的马太效应的基础上，又联系其他机构之间与社会分层因素的影响，指出许多不成文的科学规范时常会影响承认，社会组织和知识的规范条理化是影响奖励系统运行的两种因素。他的实证性研究在一定程度上表明了对默顿观点的支持。不仅如此，他还通过一系列的经验因素检验，在不同的国家、不同的学科中，奖励体系的运行都是普遍的，只是在程度上存在明显的差异。加斯顿的研究是对默顿奖励系统理论的支持与例证。

加斯顿通过考察美英两国的科学组织体系与奖励系统的关系，对科学奖励系统的运行进行了大量的检验研究，研究了科学的认识发展和国家的社会组织对科学奖励系统的普遍运行的影响，以检验它的运行是否与普遍性的原则相符合。加斯顿认为奖励系统的本质是科学共同体根据科学家的角色表现情况来分配承认，其功能是激励科学家从事研究。即根据科学家的科学产出数量和质量来分配承认，其他社会属性(韦伯称之为先赋变量)不应该对承认分配产生影响。加斯顿指出，由于各种不同的社会组织对科学家提供薪水的层次不同，它们在科学共同体中的威望也有所不同。但是，薪水并不是由其他科学家直接决定的，因而并不反映科学共同体对某个人的贡献的表彰。科学奖励系统中，科学家共同体根据科学家研究的成绩，给予一定的奖励，这个奖励的特殊含义是对科学家在增进科学知识方面所做出的贡献给予的承认和荣誉。在这个奖励系统中，体现的是科学家扮演其科学角色的好坏与相应报酬之间的关系。即科学共同体的奖励系统是以独特的方式运行的。在科学奖励系统研究中，还有一个重要主题是探讨科学奖励系统的性质。即检验科学规范在社会运行中的遵守的程度。加斯顿通过具体的数据分析和经验研究认为默顿的普遍性规范得到了遵守。不过，他并没有对奖励系统运行中规范的具体运行方式进行考察。所以这种检验还存在一定的缺陷。

哈格斯特龙也是默顿学派的重要人物。他认为，任何奖励系统都有一个共同的特点，就是把成绩与奖励联系起来，即获得承认。哈格斯特龙结合科学的社会特征从科学的社会交换理论出发，认为科学家只有把自己的成果提出交换给同行才能获得承认。由于科学家的职业特征与其他社会角色有许多不同之处，哈格斯特龙认为，科学中的社会交换主要是一种礼物交换，而这种礼物交换的实质是成果与承认的交换。① 在科学共同体内部，科学家之间的交换主要是以“送礼”的方式进行，这个礼品就是科学家的科研成果。即科学家把自己的研究成果免费赠送给同行——发表在杂志上或者在科学会议上宣读，而不要求任何的物质报酬。“在科学中，提交的手稿被科学期刊接受就确立了赠礼者作为一名科学家的地位——确实，作为科学家的地位只能靠这样的礼物馈赠而得到——而且这还确保了他在科学共同体内部的声望”。不仅如此，哈格斯特龙还强调，只有那些遵循了科学规范的交换礼物才能被科学共同体

① ［美］哈格斯特龙：《科学共同体：为获得承认而竞争》，《科学学译丛》，1989(3)。

所承认并广泛传播，礼物必须货真价实。那些没有遵循科学规范的"礼物"迟早会被发现是造假而被清除。哈格斯特龙的交换理论主要研究的是科学内部的调节运行机制，即奖励系统在科学发展中得到成为一支独立的力量而起作用，他并没有对科学共同体与其外部的其他社会系统之间的交换关系进行深入研究。

科学奖励制度的研究是个既简单又重要的问题。科学奖励系统运行方式与社会的复杂关系越来越多地得到了更多科学社会学家的探讨。随着近代科学体制化的发展，在经验研究方面，许多研究者考察了科学奖励系统的各个方面。科尔兄弟的社会分层思路、哈格斯特龙所研究的交换形式以及科学共同体在科学知识传播中的作用，都在科学组织内部广为采用着。与此同时，在科学与社会的其他系统之间，为了保证科学的奖励机制的运行，科学界、政府和社会之间已开始了各种途径、方式与方法的探索。

由于科学建制目标的多元化，科学奖励制度同时也是一个具有多重属性的制度。事实上，科学奖励制度具有多方面的功能。既有认知的功能，也有保障经济权益的功能，同时还有优化合理配置科技资源以及强化主流意识形态等多种功能。在默顿的科学奖励制度中，他仅仅强调了这种制度上的认知功能的发挥，存在着对科学的本质作了过于狭隘的理解，看不到它在其它方面的功能和意义，这就很难从完整的角度上促进科学技术的发展。

在当今的时代，同行对科学成就的承认就是一种奖励，这种承认可以转变为有用的财富，促进科学的进一步研究。科学奖励制度在科学的社会运行中所起的真正作用，应该是充分地表现出它与技术和经济活动三位一体，成为时代的决定性力量。科学奖励系统必须在这一基础上才能够得到真正的理解。

应该以历史的、批判的眼光，考察科学实际的社会运行过程，批判性地吸收、借鉴各国不同的研究传统和经验，在实践的基础上，合理构建适合不同国家、不同社会状况的科学承认与科学奖励范式。

# 第五章

# 默顿——科学社会学之父

20 世纪五六十年代开始，默顿一方面在自己担纲的研究领域中创建了初步完整的学科体系，尤其是担任美国社会学会长以后，他所获得的地位推动了科学社会学的发展；另一方面，默顿在哥伦比亚大学连续不断的教学相长，为他培养学科继承者提供了优越的条件，默顿的弟子和追随者们沿着默顿的研究纲领进行了多向度研究。

在默顿科学社会学思想中，默顿学派重要成员的研究工作，使默顿创建的科学社会学研究框架在学科理论与方法层面得到了进一步的扩充、拓展、充实、提高，甚至某些地方突破了默顿原有的研究范畴，涉及知识内容和社会组织，把对科学的社会研究推向了一个高潮。默顿学派的各成员以科学系统中影响广泛的问题为研究对象，在内容上触及了科学社会学研究的具体结构及框架，不仅在科学共同体的研究中较为清晰地界定了科学家的分层、特征，而且提出了研究科学的社会组织及社会运行的思维路径和方法，探讨了科学组织中一些重大交流方式和秩序问题，阐释了科学家的社会角色及其表现，较为集中地考察了促进科学活动的奖励制度的一系列问题，扩展了科学社会学的研究领域，在发展规律上延伸了学科的边界，对科学中的性别问题、权威问题等等，提出了新颖别致的看法。这些研究对解决科学内部的规范和激发科研人员的研究动力具有理论指导和参考价值。默顿学派的贡献给默顿思想体系增添了更广阔、更宏大的研究视域，形成了更独特的形象，使其更具学科文化的光芒。默顿学派研究工作的辐射，扩大了研究者的队伍，对推动科学的其他社会研究产生了重要的启迪作用。

## 一、从默顿到默顿学派

### 1. 默顿的学术贡献

默顿是美国著名的社会学家，在他长达近一个世纪的生命历程中，共出版著作 20 多部，发表论文 200 余篇，书评约 120 篇，研究领域众多。他三分之二的岁月都在思考和研究科学的社会研究中度过，为我们留下了宝贵的思想和精神财富。默顿的学术贡献主要体现在社会学领域，他被尊称为科学社会学之父。默顿对科学和科学共同体问题的研究，对科学社会学理论的形成产生了直接的影响。默顿的研究也对科学史、科学哲学产生了重要的影响。尽管这三个学科所探索的问题、使用的方法和分析问题的角度不尽相同，但从本质上说，科学史、科学社会学、科学哲学等学科都有共同的研究对象——科学，这三个学科之间必然存在一定的关联性。默顿科学社会学思想是与科学史和科学哲学的相互作用过程中发展起来的，默顿科学社会学思想的形成是在默顿的独立研究中完成的，是与以他为首的默顿学派的发展中共同建立起来的。

(1)默顿学术成就综述

"我的主要研究方向是社会学理论、研究方法和经验研究之间的关系。"[①]"回顾自己50多年的研究,我认为我在创立现在叫作科学社会学方面起了一些作用……我认为我在理论上和研究课题上的努力已结出了硕果。"[②]

默顿在大量的著作和论文中展现了其广泛的学术兴趣:[③]他自己也总结道,"我涉猎过一些专门领域,如医学教育、职业社会学、大众传播、宣传、科层制以及局部和全部影响"。[④]由于默顿如此广泛的知识面,他的学生科塞把默顿比作"以赛亚的狐狸",而把帕森斯比作豪猪(一位古希腊诗人说过:"狐狸知道许多事情,而豪猪知道一件大事。")。默顿的一生都是在勤劳的学术研究中度过的。据说他通常早晨四点半就起床开始一天的研究工作。即使是生命的最后几年,他依然坚持读书写作。在生命的弥留之际,他仍在整理自己论述"偶发奇缘"的文稿。山东大学林聚任教授在默顿去世后的悼念文章中写道,"回想几个月前他还在耐心地解答我通过电子邮件提出的问题,现在却离我们而去了。"默顿的"The Travels and Adventures of Serendipity"一书,在他去世前4天才得知即将由普林斯顿大学出版。

当然,默顿也是一位谦逊的思想家。他说:"要评价自己在某个领域的成就,一定要承认,这些成就在相当大的程度上总是要依赖于其他同行、同事,过去的、现在的都有。"[⑤]就默顿和默顿学派的关系来说,很难分得清是默顿的头脑成就了默顿学

---

① George Ritzer, *Modern Sociological Theory*, P109, by McGw-Hill, 2004.

②④⑤ 阎明:《真正的知识超越国界》,《社会学研究》,1992(3)。

③ Jon Clark, R. K. Merton: *Consensus and Controversy*, p15, New York & London: The Falmer Press, 1990.

派，还是默顿学派成就了默顿的大名。但作为一个学派的领头人，默顿能公允地承认他人的作用对自己成就的贡献，可见他不仅是一位具有非凡才能的思想家，也是一位具有高尚德行的思想家。

默顿是20世纪最具影响力的社会学家，他的文章被广泛引用。引文计量是定量评价研究成果的重要手段，尤其是论文的引文统计在判断学者的学术水平和学术贡献中占据重要的地位。加菲尔德曾经通过全面分析默顿被引证的情况来说明默顿在学术界的影响（见下表）。[①] 引证分析证实，默顿的影响远远超出了传统的社会学领域。除此之外，默顿的观念和理论对医药学、精神病学、信息科学、物理学、生物学等自然科学也产生了一定的影响。

**表　默顿被引证论文的统计分析**

| 引证默顿的杂志的领域 | 引证的论文数目 | 百分比 % |
|---|---|---|
| 自然科学 | 203 | 8 |
| 社会学 | 923 | 36 |
| 其他社会科学（除社会学外） | 1413 | 56 |
| 总　计 | 2539 | 100 |

默顿是美国国家科学院和美国文理科学院院士，瑞典皇家科学院的外籍院士，曾任美国社会学协会和科学的社会研究学会主席，获多种名誉学位和奖状，在国际社会学界享有很高的声誉。1994年，为表彰他为社会学发展所做的卓越贡献，美国总统向他颁发了国家科学奖章，成为获此殊荣的人文社会科学家，美国社会学学会专门设立了“默顿奖”，表彰他为美国社会学学界所作的贡献，在他长期供职的哥伦比亚大学则专门设立

① 刘珺珺：《科学社会学》，上海人民出版社，1990。

了“默顿教授”席位，以彰显他在哥伦比亚大学的地位。

美国文理科学院是美国重要的人文社会科学研究机构。作为一个跨学科研究中心，它汇集了知识丰富和有研究经验的各个领域的学者，旨在从多学科的角度研究现代社会所面临的问题。默顿逝世后，文理科学院给默顿给予了很高的评价。“默顿终生致力于扩大我们对于人类行为和动机的理解。在他的著作中，集中体现了历史的视野，严密的分析，深刻的心理学洞见和罕见的广泛学术兴趣。在他的肩膀上，许多20世纪社会学的创新思想被建立起来了。”（转引自欧阳锋论文）美国学术界给予成功者的另一种奖励与荣誉方式是举办诞辰纪念活动，默顿功成名就之后，从70岁开始，学术界逢十年就围绕一个研究主题组织一次学术纪念活动。

默顿在国际上的影响则是伴随着他的学术思想的翅膀传播的。其著作至少已被翻译成28种语言，影响早已超越了国界。作为一个著名的社会学家，默顿在美国本土、在国际上都有其理论的追随者和评价者，是人文科学中受到许多不同国家研究者广泛研究的重要人物。正如多年研究默顿的美国学者Piotr Sztompka所说：“很少有社会学遗产是如此的丰富和饶有风味……默顿一生的全部作品已成为一个富有活力的、意义深远的思想系统，一个现代和未来社会学的更新与生机的源泉。”①

本文受研究主题的限制，无法对默顿的全部思想和理论贡献展开评介。只能对其社会学贡献作简要概述，主要笔墨将用于对其科学社会学贡献进行梳理。

（2）默顿社会学贡献概述

默顿是美国著名的社会学家，他对社会学的理论贡献可能

---

① R. K. Merton, *On Social Structure and Science*, p1, Edited and with an Introduction by Piotr Sztompka, The University of Chicago Press, 1996.

比本文全部的篇幅还要长数倍，因此，这里只对其社会学贡献进行简单概括。

第一，提出了许多概念和专业术语。

在社会学领域中，默顿提出的许多概念和专业术语都得到了同行的广泛认同。如潜功能与显功能、反功能、自我实现预言、目标置换、角色模式、角色丛、地位丛、退却主义、机会结构、本地人和世界主义者、马太效应、研究中的偶发模式、社会学的矛盾选择以及缩略词 OTSOG（来自牛顿的名言：If I have seen farther，It is by standing on the shoulders of giants）等等。它们都已成为现代社会学的核心概念，有的甚至成为日常语言。

第二，创立了社会学研究的“中层理论”。

默顿提出了社会学的“中层理论”。他认为“社会学需要有中途驿站”，“社会学只有侧重于（但不仅仅）中层理论的研究，才会有所发展；否则，如只注重发展综合的社会学体系，社会学就会停滞不前”。[①]“中层理论”主张在介于宏观概念与微观的可操作假设之间创立一种理论框架，强调把社会学研究的重点置于狭隘的“专门理论”和广泛的“总体理论”之间，专门理论重点研究社会生活方面，总体理论则力图从宏观角度，解释各种社会因素之间的关系，中层理论的研究对象则介于两者之间。默顿反对那种过于哲学化的包罗万象的社会学理论，倡导在社会学领域中重视对经验性的具体问题的研究。这种理论策略的意义，表现在“既非日常研究中大批涌现的微观而且必要的操作性假设，也不是一个包罗一切、用以解释所有我们观察到的社会行为、社会组织和社会变迁的一致性的自成体系的统一理论，而是介于这两者之间的理论”。[②]

默顿的中层理论是以某一方面的社会现象或某一类型的

---

①② ［美］默顿：《论理论社会学》，何凡兴译，第 69 页、54 页，北京：华夏出版社，1990。

社会行为为对象，提供一种相对具体的分析框架。中层理论由有限的几组假定所组成，通过逻辑推导从这些假定中产生能接受经验研究证实或证伪的具体假设。它只涉及有限的社会现象，包括失范理论，角色冲突理论，参考群体理论，相对剥夺理论，社会流动理论，社会分层理论，权威理论，制度的相互依赖理论，社会规范的形成理论，社会分化理论，种族冲突理论，阶级和国家冲突理论等等。默顿对其中许多“中层理论”做出了实质性的贡献。如失范理论，在社会学领域的研究中，几十年来，对这一理论的研究已成为一个专门的研究方向。有不少学者致力于这项研究，撰写了许多著作和论文对它进行修正和批评，其理论解释力也早已超越了社会学范围，在法学、管理学等领域得到了应用，产生了深远的影响。

第三，完善了结构—功能分析方法。

默顿在社会学流派中，最典型的一个头衔就是“结构功能主义”代表，他和帕森斯并称为功能主义的巨头。默顿理论研究的重点是社会结构分析，他强调结构因素对行为的强制作用，总结出社会学结构分析的基本程序。默顿批评了早期功能分析的三个有问题的假设（即功能一体性、功能普遍性、功能必备性假设），提出了作为引导整合理论和经验研究的功能分析范式。在功能主义思想指导下，他强调功能主义的经验性，确立了功能分析的经验范式。

默顿认为结构的功能分析应集中关注于群体、组织、社会和文化，其中“社会角色、制度模式、社会过程、文化模式、文化模式化情绪、社会规范、群体组织、社会结构、社会控制机制”是功能分析的主要对象。关于功能分析的焦点，默顿强调应当重视社会的功能的分析，而不是个人的动机。不能把个人的主观动机与制度或结构的功能混淆在一起。为使功能分析符合实际，他提出了诸如非功能（non-function）、负功能（dysfunction）、净平衡(net balance)、功能分析层面(level soffunctional analysis)以及显功能和潜功能(manifest and latent functions)的概念。"默顿的发展功能分析范式的努力是现代功能主义的最重要的一曲"。[①]

第四,推动了应用社会学的研究。

默顿和默顿学派的成员开展了一系列有广泛影响的应用研究。如,社会行为失范中的政策研究,医学教育中的应用伦理研究等等。就科学社会学来说,默顿最初的研究兴趣也是准备将其社会学分析应用于科学知识领域,他曾经把对知识的文化研究作为其追逐的学术目标进行过一段研究。换一个角度的话,我们甚至可以把他对科学社会学理论的开拓研究看作是他对社会学应用研究的继续,这种说法不是没有道理的。即使在本文的写作过程中,山东大学的马来平教授也对本人提出过同样的建议。"默顿的主要精力在理论社会学,而且,其科学社会学的贡献也是从其社会学研究中衍生出来的。因此,应把他的科学社会学思想置于其社会学思想的背景下进行研究。"[②]默顿开拓了社会学的应用研究领域。这些应用研究的成果得到了社会的承认与支持。

(3)默顿开拓了科学史研究新路径

在上世纪30年代初,作为一个社会学家,默顿对科学的社会问题的研究是处在一个朦胧的轮廓中。现在,我们常常把他的著作《十七世纪英格兰的科学、技术与社会》当作他开始科学社会学研究的奠基之作。事实上,从学科角度来看,科学史是先于科学社会学的成熟学科。因此,把默顿的《十七世纪英格兰的科学、技术与社会》当作一个科学史著作来定位,可能更合适些。与此同时,我们也认为,从《十七世纪英格兰的科学、技

---

① George Ritzer, *Sociological Theory*, p276, by. McGw-Hill, 1996.

② 作者与马来平教授的通信,2006—5—14。

术与社会》开始，默顿走上了科学社会学研究的道路。而且正是在这本著作中，默顿提出了其科学社会学思想中的一个基本论题——默顿命题以及对科学规范问题的分析路径。

科学史家科恩说："罗伯特·K·默顿的《十七世纪英格兰的科学、技术与社会》于1938年发表以来的半个世纪里，它至少在两个知识领域成为经典：定量科学史和科学社会学。"《十七世纪英格兰的科学、技术与社会》作为科学史的研究成果，不仅为科学社会学提供了丰富的资料，提供了可以借鉴的方法，更主要的是促进了科学史研究由内史向外史的延伸，奠定了内史与外史相结合的研究模式。科学哲学家库恩也指出，默顿的博士论文提出了关于"大文化"如何影响科学发展的概念，这个概念应当被结合到科学史的发展必须遵循的新"方向"之中。

本文指出默顿对科学史的贡献，是从默顿思想发展的历史过程而言。有些时候，这一结论可能不一定得到学术界的认同。因为，从科学社会学发展的过程来看，"六十年代以前妨碍科学社会学发展的诸因素之一是科学史和科学哲学对它的抵制，这两者作为学术专业当时已经相对充分地建立起来了"。[①] 也就是说，对于当时的已经建立起来了的科学史来说，默顿的博士论文的出发点实际上是科学史研究基础上的创新。它做出贡献的专业点应该是科学史，至于其对科学社会学的启蒙，只能算作是歪打正着。

(4)默顿对科学社会学的贡献

默顿作为科学社会学这一新兴学科的开门人和守门人，成功地建立了他的科学社会学研究范式，他的科学立场和研究方法具有特征。默顿科学社会学思想的目的不仅在于建立符合科学的精神品质的规范，而且更强调研究内容的主题的规划，

---

① [美]B·巴伯：《科学与社会秩序》，顾昕、郏斌祥等译，第9页，北京：三联书店，1991。

比如说如何建构学术评价机制、如何建构学术研究范式，他率先研究科学的制度化问题，提出"默顿命题"，阐述科学的规范结构、科学的评估与奖励系统、为优先权而竞争、独立的多重发现、马太效应、局内人与局外人等主题，在极其广泛的方面做出了开拓性的贡献。其核心贡献在于：创立了科学社会学的概念框架，发展了科学社会学研究方法，建立学派巩固了研究力量，他还通过"自我例证"展示其研究实践的正当性。虽然有时有学者批评他的"自我例证"过于"急切"了。

默顿对科学社会学研究范式的构建作出了重要的成就，具体表现在四个方面：

第一，确立了学科的地位。

默顿学术兴趣广泛，在他众多喜爱的领域和主题中，科学社会学是他的首爱（first love）。从20世纪三四十年代起，默顿就倡导把科学作为一个重要的社会制度而加以研究，确立了科学社会学的基本研究问题。如他自己所说："在各种社会学主题中，只有一个特别的领域——科学社会学，持续地吸引着我的兴趣。"①

在科学社会学创建初期，整个学科处在被忽视状态。作为一名年轻的社会学博士，默顿主观上并没有想写一部科学社会学的著作，而是试图把科学、文化、军事和经济等都看成一种社会建制，进而理清这些社会建制之间的关系。为此，他全身心地投入到科学的社会研究，特别是17世纪英格兰的科学、技术与社会的研究。默顿的这项案例性研究以一个基本的社会学假定为前提：社会中的不同组织在不同程度上是互相依存的，因而在宗教、经济领域里所发生的情况，势必同发生在科学领域里的某些情况具有一些联系；反之亦然。在这样的基本假定

① George Ritzer, *Modern Sociological Theory*, p109, by McGw-Hill, 2004.

指导下，为寻找“近代对科学的欢迎和赞助态度的某些文化根源”，默顿将社会学研究方法引入对科学的研究。对这一社会学思想的贯彻，为默顿创新性地研究近代科学的建制化过程规定了视角和框架。应当说，默顿关于科学社会学研究方法在整体性质上的经验性定位十分正确。这样一来，就把科学社会学与科学哲学、科学史区分开来了。因为科学哲学主要依靠抽象的思辨而较少注意经验证据的处理，科学史又主要依靠收集史料而较少注意理论分析。这对于科学社会学的学科建设具有十分重大的意义。

默顿科学社会学思想理论体系的创建，还和美国当时的社会学以及整个社会科学的发展是分不开的。第二次世界大战前，社会学家的工作多是繁多复杂的社会工作。社会学的研究实际上是以收集和整理数据为主要内容，没有多少基础性的理论研究，也没有产生重大的理论发现和突破。随着经济的好转和二战的结束，社会学逐步从数据的收集转向理论创新。例如，先前热衷于参与社会改革、收集数据的芝加哥学派就明显地减退了热情，开始把研究的目标放在建立新的社会学理论上。到 40 年代后期，社会学界形成的理论研究风气，包括学术研究的主流开始逐步在哈佛大学和哥伦比亚大学兴起。这一段时间，正是默顿博士毕业开始独立转向社会学研究的探索时期。默顿与哈佛大学学友的联系以及在哥伦比亚大学的任职，使他始终没有脱离社会学研究的学术前沿和理论氛围。也是在这一时期，美国社会学真正开始向规模系统的理论核心发展，涌现出了一批具有代表社会学研究水平的社会学家。比如，帕森斯就是这一时期最有影响的社会学理论家。

半个多世纪中，默顿总是站在科学社会学研究的最前沿，参与、引导和支持着这一学科的发展。到上世纪六七十年代，科学社会学作为一门专业学科的地位得到确立，默顿也被尊为科学社会学之父。在前面的章节里，已经描述了科学社会学在发展的过程中，很长一段时期都处在孤立无援的环境中，尽管困难重重，默顿一直坚持在这个学科领域中进行不懈的探索，为这个学科的发展作了许多奠基性的工作。

默顿的批评者，社会建构论代表人物谢廷娜这样评价默顿，“即使默顿的敌人也承认默顿是科学社会学的创始人。当他1938年发表其经典之作《十七世纪英格兰的科学、技术与社会》时，科学社会学还是一个未被承认的领域。50年后，美国和欧洲已出现了大量的有关科学和技术的社会研究的项目和研究中心，科学社会学作为社会学的一个分支学科的地位已确定无疑了”。[①]

第二，构建了学科的概念框架及术语。

学科的概念框架包括提出范畴、做出假设、解释论证、说明。默顿的经验研究，像其他的研究一样，也是建立在理论研究基础上的。这种经验研究与理论研究的相互结合，使他的科学社会学思想就像是社会学与科学领域的楔合，既揭示了科学社会学理论与实践方面的许多精细项目，又把相关的社会学分析，特别是把科学界作为一个社会单元的各种面相涵盖殆尽。

默顿科学社会学最初的问题是：“科学的社会运行到底是怎样的？科学的组织方面究竟在什么样的条件下，才能对科学与社会系统产生影响？”但是，很长一段时间内，没有概念工具来系统地回答这些问题，根源就在于科学内部过分的组织导向。社会研究通用的方法无助于解释科学世界的特殊性。心理学方法强调心理因素，过分考虑科学家和生活方式的影响、科学与社会的关系、科学家的心理、科学活动的约束力和动力以及相关的内在组织难题，所有这些都和科学社会学的关注点

---

① 阎明：《真正的知识超越国界》，《社会学研究》，1992(3)。

有密切关系。但是，当关注点被改变、其它因素也浮出水面时，概念储备就非常有限，以至于不能概括科学组织的复杂活动过程。在默顿贡献出他的智慧之思以前，尽管科学与社会之间的关系和互动问题受到学者的关注，但是，“在为构成这个主题——科学社会学——的事实和观念提供一种系统的组织方面，人们付出的努力却不多”。[①] 特别是在概念框架方面，没有人借助于社会学的分支来考察科学与社会之间的关系。这种状况一直持续到巴伯的《科学与社会秩序》公开出版。于是，默顿便借为巴伯的《科学与社会秩序》著作撰写前言的机会，痛定思痛，讨论了学科的发展问题。

另外，默顿对科学社会学的理论假设、研究主题的确定、研究方法的探索和发展等方面，都进行了不断的尝试。Stephen Jay Gould 认为，“科学社会学中，半打甚至更多的补充原则是出自(mix)默顿之手”。[②] 在上面的论述中，我们也看到，诸如科学的体制化与清教的关系、科学的精神气质等问题，默顿几乎是在近半个世纪的时间里不停地进行探索，在与其他研究者的研究中讨论、说明。默顿提出的“科学规范”问题，至今仍是分析作为科学社会系统的重要的理论基础。

第三，发展了科学社会学研究方法。

作为科学社会学的创建者，默顿不仅应用其社会学理论与方法对科学界解析分析，还发展了一系列有效的可以为科学社会学利用的研究方法，如内容分析法、主题研究法等。对科学社会学的经验研究方法带来了认识上的一致，强化了一些重复性描述，使社会学分析接近科学的分析模式。

---

① [美]B·巴伯：《科学与社会秩序》，顾昕、郏斌祥等译，第1页，北京：三联书店，1991。

② Jon Clark, R. K. Merton: *Consensus and Controversy*, p42, New York & London: The Falmer Press, 1990.

内容分析法是20世纪才兴起的一种新的文献研究方法。内容分析产生的客观基础，是随现代社会发展而日益增加的信息传播工具和急剧扩大的信息内容。它通过考察人们所写的文章、书籍、日记、信件、电影、电视及照片、歌曲、图画等等，来了解人们的行为、态度和特征，进而了解和说明社会结构及文化变迁。内容分析方法假定：在这些传播的材料中所发现的行为模式、价值观念和态度，反映出并影响着创造和接受这些材料的人们的行为、态度和价值观。内容分析是一种规范的方法。它要求研究者根据预先决定的计划，采取一定的规则，按照一定的步骤进行定量描述。研究者根据这些外在的、表面的内容，对其所承载的信息进行系统分析。如在科学社会学研究中，科尔对科学界社会阶层的统计分析、朱克曼对诺贝尔奖获得者群体的分析都是例证。内容分析方法的应用，一方面推进了社会研究方法的进步，另一方面推动了社会研究的进步，对科学问题形成了重要的认识。

内容分析可以按大的方法论取向分为定量的和定性的两种。但大部分情况下，内容分析多指定量取向。“它要求检阅所载文件或其它信息的内容，以及对它进行系统的数码编排。”[①]社会学家拉扎斯菲尔德认为：“内容分析是一种对传播所显示出来的内容进行客观的、系统的、定量的描述的研究技术。”默顿认为，内容分析是一种考察社会现实的方法，在这种方法中，研究者通过对文献的显性内容的特征的系统分析，得到与之相关的潜在内容的特征的推论，对解释的选择是研究者的目的所在，默顿在《十七世纪英格兰的科学、技术与社会》中，就大量地应用各种量化指标为所论述的规律提供说明。

学科研究主题的确定是学科发展的关键。作为科学社会

---

① D·波普诺：《社会学（第十版）》，李强等译，第51页，北京：中国人民大学出版社，1999。

学学科的创建者，默顿的主要的贡献就是找到了学科研究主题。他认为这也是长久以来科学社会学研究发展缓慢的症结所在。默顿认为，科学社会学在研究主题方面缺乏一致性，是导致科学与社会关系研究中积累相对较少的主要原因。[1]

科学社会学研究的重点关系是科学与社会，科学中的社会系统。而这两者之间看起来很有所关联但实际的关联又总是处在零散状态，难以得到系统的观照。无论是科学世界，还是社会方面，他们都在各自的研究范围内得到了巨大的发展，但相互的影响又很不协调。如何应用一种社会学的分析方法去深入科学界，以寻求按社会学的方式理解科学便成为默顿研究的重点。

科学社会学发展的过程，是对科学的前沿知识的记录。科学社会学研究的现象具有很大的可变性，要求研究者自身参与其中，对不断变化的研究目标和主题有所确定。由于问题本身的特殊性，研究者个人经验对问题的选择常常有很大的影响，其学术研究将影响整个研究的成果的取得。在这方面，默顿为科学社会学研究主题的确定起到了很大的作用。默顿确定的研究的主题包括：从制度上来说，增强学术界对学科认识的认同，使参与学科研究的学者在行为规范上具有更多的确定性，学术交流网络的建立，从事研究必须具备的条件等等，都是学科自身在确立和发展过程中需要研究和解决的问题。从研究内容上说，默顿根据科学家共同体和科学家所从事职业的特点，确立了以科学精神的建构为基本问题，对科学发现中的优先权、优势积累、科学家对新思想的抵制，包括科学与社会的互动、科学承认中的复杂过程等研究主题，都进行了基本的确定。解决了科学社会学形成和发展中的系列问题，确立了这一学科

① [美]B·巴伯：《科学与社会秩序》，顾昕、郑斌祥等译，第5页，北京：三联书店，1991。

的研究地位。

第四,学说学派自成一体。

创立一个学科靠睿智,完善一个学科靠团队。默顿智慧的另一个表现在于形成了自己的学派,为科学社会学的发展凝聚了稳定的力量。综观古今中外的学派,凡举学派均有学说、共同体和带头人三个要素。学说是学派的基础,共同体是学派基本队伍,带头人是学派的灵魂和代表。如果用金字塔来形容学术界的学派的话,一个大师撑起的天地是这门学科的金字塔塔高,一个学派的形成则是这门学科的塔基。对学派中的研究者来说,一个人所掌握的知识、技能并不足以使他的科学研究活动同其他人协调起来。这就像一个带球技巧绝佳的足球运动员不一定懂得把球传给队友一样。一个真正研究团队中的指挥者,不仅个人是知识丰富的生产者,同时也晓得以什么样的方式与其他的同仁交流信息。大凡形成学派的成熟共同体中,其中总有一部分知识和默契涉及"意会"。这与波兰尼的"意会知识"[①]多少有点相似,其特点是具有隐秘性。从默顿到默顿学派,默顿科学社会学体系的完善与默顿学派有着重要的关联,解密默顿学派这个学术共同体繁荣的秘密,就是其中的师生链。

默顿从 1941 年到哥伦比亚大学任教,1979 年退休,将近 40 年的时间。默顿学派的建立基本上是在 60 年代左右,学派中的重要成员以默顿的博士为主,大部分是 60 年代中后期获得的博士学位。默顿学派的顶梁柱是科尔兄弟、朱克曼,主要成员还有克兰、巴伯、加斯顿、卡普兰。其中科尔兄弟两人都是默顿的学生,哥哥 S·科尔于 1967 年取得博士学位,弟弟 J·科尔于 1969 年取得博士学位。朱克曼是默顿 1965 年的学生,后来

---

① [英]M·波兰尼:《个人知识》,许泽民译,第 12 页,贵阳:贵州人民出版社,2000。

成为默顿工作中的重要合作者，毕业后留在哥伦比亚大学工作，又成为默顿的夫人。巴伯读大学时与默顿是哈佛好朋友，当时默顿已经在读博士，巴伯服完兵役再回到哈佛大学继续学业时，默顿刚刚离开哈佛，哈佛风范成了默顿与巴伯联系的纽带，巴伯是默顿科学社会学思想的重要贡献者。克兰是哥伦比亚大学毕业的博士，她的博士论文虽然不是默顿指导的，但她和科尔、朱克曼等等博士一样接受的是哥伦比亚风格的学术训练，她的学位是哥伦比亚大学授予的，受哥伦比亚学派的影响很多。克兰还和普赖斯是耶鲁大学的同事，普赖斯应该算是贝尔纳学派的成员（贝尔纳学派与默顿学派在科学社会学研究方法方面虽有宏观与微观之分，但整体思想有趋于一致的倾向）。默顿和普赖斯都是科学引证索引顾问委员会的成员，默顿学派把系统使用科学引证作为重要的工具。对克兰来说，到底是哪种学术风格影响了她，可能只有她自己知道。克兰还曾是加斯顿的顾问，加斯顿的《科学的社会运行》承袭的完全是默顿的研究方法。默顿的重要著作《科学社会学》的编者斯托勒是卡普兰的学生，卡普兰是默顿 50 年代的学生。60 年代，卡普兰在一本书的序言中写到，“我本人对科学社会学的兴趣，始于近 20 年以前，当时我和默顿教授一起参加了哥伦比亚大学的一个研讨班”。

由此可见，在默顿学派中，因师生链连接起来的学术风格和共同的研究旨趣，通过教学相长巩固了整个学派的科学社会学研究。特别是他们持续地在一个学术氛围中获得博士学位，进行半自主半被动的发展一门学科的研究，对形成统一的研究风格起了重要作用。他们中的每个人既根据自己的知识旨趣从事研究，同时又依据一个特定学科的学术脉络从事社会科学研究，在研究目标设定的情况下，预设各种方法与结论，分工协作。这在一定程度上既维持了学派在各自研究方向上的自主性，又与整个学派的发展方向相一致。默顿学派是科研集体中的成功范例。有人也把默顿学派的成功称为科学社会学领域中的哥伦比亚学派的成功。

默顿曾对科学中杰出科学家的超凡魅力进行过总结，其实，将这种总结用于对默顿自己所领导的学派的影响也是完全恰当的。“他们会激发那些认为他们有超凡品质的人的学术热情。他们不仅自己获得了优异成就，他们还有能力唤起其他人的优异品质。……不仅把他们的技术、方法、信息和理论传授给和他们一起工作的新手。更重要的是，他们把指导重要研究的规范和价值观传给了其同事。通常在其晚年，或者是在去世后，这种个人的影响变得常规化。”①

综观默顿的科学社会学思想，我们的目的是研究他对科学社会学的贡献，更重要的在于揭示、阐发默顿如何成功地创建了这门学科，如何从科学的规范结构入手研究科学，促进了科学社会学的发展，使它成为一门在现代社会中具有深远影响的学科。因此，评价默顿的科学社会学思想的理论价值，可以推动科学社会学研究的深入发展，推动整个学科不断走向成熟和完善。

**2. 默顿科学社会学思想的特点**

默顿让科学的社会研究不能忘记的地方在于，他从社会学的角度来理解科学家的社会和生活，创新了一种新的思维来探索科学界，这是默顿的智慧。默顿的科学社会学思想在研究的前提和研究范围、研究方法上都有诸多特点。无论是从学术发展还是从社会发展的总体趋势来看，默顿的许多观点在科学的发展中都变得越来越重要。这种研究传统使人们对科学的发

---

① ［美］默顿：《科学社会学》，鲁旭东、林聚任译，第623～624页，北京：商务印书馆，2003。

展问题形成了新的认识。"一个概念框架通过仔细考察,它既可以阻碍对现象的理解,也会促进和加深对现象的理解。"①

默顿的科学社会学理论具有浓郁的社会学色彩,被称为科学的社会研究中的默顿范式。其思想特点主要表现在以下几个方面:

第一,科学观上的社会学式。

科学观问题是区别不同思想家的科学态度的重要因素。笔者以为,默顿的科学知识观范式是社会学式的,因为默顿是位社会学家,其擅长的工具是社会学分析。默顿认为,科学的目的是扩展准确无误的知识。默顿建构的科学的社会学分析的基础,是对其科学观的坚持。他认为科学是统一的、唯一的、正确的。"他们的论点似乎是:科学是个发现事物的过程,那些对发现过程贡献最大的人必然会受到最多的关注——这一关注表现在脚注里。"②默顿科学社会学的理论渊源是早期的知识社会学。默顿通过对知识社会学进行批判研究后,指出以往知识社会学的局限性在于侧重利益与经验在知识形成中的作用,且研究范围过于宽泛。默顿继承了曼海姆的知识观,相信自然科学不同于文化科学,它的知识是不受意识形态、价值观或利益左右的。默顿竭力要让科学社会学摆脱科学哲学的影响,因为哲学命题难以检验,不可能指望它们服从社会学的研究纲领。默顿将其科学社会学的理论假设建立在不可质疑的科学知识观基础上,正如有些专家所解析的,默顿的科学观是实证主义的科学观。

贝尔纳是与默顿齐名的科学社会学家。他们分别创建了

---

① Carlo Mongardini & Simonetta Tabboni. *R. K. Merton and Contemporary Sociology*, p304, Genoa: Acig, 1989.

② [美]J·B·鲁尔:《社会科学理论及其发展进步》,郝名玮等译,第67页,沈阳:辽宁教育出版社,2004。

科学的社会研究中的默顿传统与贝尔纳传统。这两个研究传统为促进科学社会学的发展做出了重要的贡献。贝尔纳反对当时流行的两种对立的科学观：一种是理想主义的科学观，认为科学是追求真理的纯粹智力活动，其功能是建构与经验世界相符合的意义世界，即创造能解释经验事实的理论；一种是现实主义科学观，认为科学是人们用来认识自然、支配自然并为人们所利用的手段。[①] 他认为科学可以为人所控制，科学可以规划。在这一点上，贝尔纳也毫不掩饰自己的政治倾向——对马克思主义的信仰。他相信马克思的信条："哲学家们只是用不同的方式解释世界，而问题在于改造世界。"

贝尔纳认为科学是一种社会设施，它是由千百人组成为科学团体、科学机构，为探索自然和社会的奥秘，揭示物质运动的规律性而建立的社会组织。科学是关于自然、社会和思维各种事物的本质和规律性的知识体系。"科学远远不仅是许多已知的事实、定律和理论的总汇，而是许多新事实、新定律和新理论的继续不断的发现。"[②]贝尔纳认为科学的目的包括三个：心理目的、理性目的和社会目的。在推动人们进行科学方面，功利无疑是重要因素，但人们的好奇心与追求真理的精神对科学的促进在科学史上也屡见不鲜。在方法论上，他主张用科学方法研究科学。他把数学方法应用于研究科学发展中人力、物力、财力的定量关系，并初步得出了指数增长规律。关注科学的应用问题是贝尔纳确立其科学学、科学社会学领域开创者地位的逻辑起点。

第二，研究范围的内部化。

从研究的范围看，默顿将科学本身看作社会的一个子系

---

① ［英］贝尔纳：《科学的社会功能》，陈体芳译，第25～37页，北京：商务印书馆，1982。

② ［英］贝尔纳：《历史上的科学》，伍况甫译，第15页，北京：科学出版社，1981。

统，注重科学系统内部的社会结构分析，主要研究科学体制内部的组织结构、社会关系和运行机制等，间或涉及科学体制和社会其他体制的相互作用问题，是微观层次的科学社会学。按社会系统的不同，可以称默顿科学社会学是科学的内部社会学。在研究范围上，与默顿理论形成比较的是贝尔纳范式，他将对科学的社会学分析置放在社会大系统环境中进行，通过科学与社会日益密切、错综复杂的相互关系揭示科学发展的规律性，重点研究科学理论和科学事实等知识是怎样在这种社会活动或社会交往中产生出来的，属于宏观层次的科学社会学。

科学自17世纪得到快速发展以来，20世纪之前还是作为一种纯思维的形式而存在，科学本身就是目的。科学的功能普遍是提高效率，造福于人类。科学是人类智慧的最高成果，是最有希望的物质利益之来源，是构成社会进步的主要基础。但是，经过不到100年的发展，特别是经历了两次世界大战以后，事态的发展改变了人们对科学的态度。科学的生存权受到了挑战，科学对社会文明的促进作用受到了怀疑，科学面临客观事实的追问。社会与政府必须对它的功能进行审查，“世界之所以陷入目前的状况，完全是滥用科学的缘故”。[①] 贝尔纳是著名的科学家，在步入科学社会学研究的理论与实践之前，他在科学领域已小有成就。他以科学家的姿态，呼吁社会应当重视科学的功能发挥。他从科学家的立场上，提出了科学家应承担的社会责任，是“把科学应用于有益的目的，而不是破坏的目的”。[②]

由于研究范围的内部化倾向，默顿的科学社会学思想一度被指责为是科学“空场”的社会学分析，引发了不少怀疑和争议。“科学家对于非科学家对科学指手画脚通常是反感的”，

---

①② [英]贝尔纳：《科学的社会功能》，陈体芳译，第34页、25页，北京：商务印书馆，1982。

“科学社会研究和科学哲学研究倾向于抽象(讨论科学),或处理众所周知的历史事件或琐碎事例,与在实验室或科学家之间就实现目标所展开的互动无关。”[①]但是,即使是这样的评价,也并没有阻挡他对认识科学世界规律的执著的探索。

其实,从今天的结果来看,科学作为一种强势文化,无论是科学家的立场还是理论家的评判,科学的社会问题与科学内部的组织问题都已成为各种社会科学研究中的重要课题。社会科学研究的重要性并非源自一种纯粹的学术研究的需要,而是来自实践的需要。从社会角度来说,重要的不是谁支配话语,而是如何实现话语背后蕴含的最终目的,即解决科学中的社会问题,解决人类所面临的社会问题。

第三,研究方法上的结构分析图式。

默顿及其学派着力于对科学内部的社会结构分析,在方法论上属于微观的结构分析图式。此传统力图理解和解释科学内部的结构特征研究,主题包括科学界的分层、科学家的行为与伦理控制、科学家的社会关系、科学发展的结构与动力以及科学承认过程的复杂问题等等。目的是解释科学社会中的制度运行和互相联系。表现出十分明显的理论倾向。其焦点在于探索科学家、科学共同体之间关系的发生、发展和变化,增加对科学现象内在规律的认识。“认识论思想虽然能够发挥启发性作用,但科学社会学家并不需要为了社会学而研究认识论,他们可以通过说明在科学制度内发现的标准来揭示科学的规范,也可以径直假设一种统一的认识论而无须指明它是什么。”[②]

结构—功能分析方法是默顿的擅长。默顿的独特性在于,

---

① Latour, Bruno & Steve Woolgar, *Laboratory Life*, p11, Princeton University Press, 1986.

② 甘会斌等:《默顿与波拉尼:科学社会学的研究纲领比较》,《科学学研究》,2001(3)。

作为一个著名的社会学家，在长期的社会学学科实践中，基于知识与社会、文化与社会关系的自觉理解，当他转向把科学置于其社会学知识的元理论地位，将之视为新学科进行建构时，便把科学中的结构分析作为核心任务了，他开辟了一种科学的社会学表述新方法。在科学社会学理论中运用的社会学研究方法，使他对科学系统中的社会结构分析充满了功能主义的色彩。例如，就科学的社会性来说，默顿认为，“（研究主体）在社会上所处的位置决定了看待事物的眼光，这又直接关系到知觉、信念和思想的形成”。由于“知觉起着信任作用”，“社会知觉是社会结构的产物”，是“人类关系结构的副产品和衍生物”。[①] 因此，科学的社会性在于，社会已内化于研究主体的行为之中，而非泛泛地外在于他们的经验表象。

在科学与社会的关系问题方面，默顿对科学认识的分析结果揭秘了科学世界的复杂性。“问题的解决不仅满足科学家个人的有效与充分的标准，而且也满足他实际上或象征性地与之接触的那个集体的标准，这种压力构成了推进令人信服的、严格研究的一种强大的社会推动力。”[②]默顿认为，科学的进步性在于科学的实践。科学在实践中的应用导致了对自然界日益深刻的认识，科学的认识又导致了满足人类需求的技术的产生。随着需求得到满足的程度日益增高，认识到科学的成就变得十分明显了。默顿作为对科学进行社会学研究的典型，发表了一系列论著，其大量文本都直接涉及科学家、科学共同体之间的关系互动，并聚焦于社会问题。默顿为社会学研究进行的辩护，是以“社会关系”为前提的，代表了社会分析的视角。

---

① ［美］默顿：《论理论社会学》，何凡兴译，第 208～209 页，北京：华夏出版社，1990。

② ［美］默顿：《十七世纪英格兰的科学、技术与社会》，范岱年等译，第 273 页，北京：商务印书馆，2000。

需要强调的是，贝尔纳所采取对科学的社会研究方法与默顿是不同的。事实证明，对同一个研究问题或同一个理论假设，可以采用不同的研究方法，也可以在不同的场合和语境中进行。在研究视角的选择方面，贝尔纳与默顿尽管采取了不同的策略，相对于科学现象来说，这两种方法是同一研究中的不同方式；而相对于社会研究领域来说，这两种方法几乎可以不分彼此。故我们通常很少去仔细地将他们分开，因为这两种研究传统都是在科学世界这个统一的概念框架内进行的。这种概念框架是同一领域中不同方式的社会研究进行对话和交流的基础，也是立足于社会维度看待科学，是有关社会世界的知识相互评价、不断完善和积累的基础。

作为科学的社会问题研究者，默顿与贝尔纳在研究的前提和研究主旨方面是有诸多共同点的。两者在研究对象上，可以统一界定为"处于与社会互动关系之中的科学"，或直接视为"科学与社会的互动关系"。例如，他们都用社会科学研究方法研究科学或科学系统，从不同侧面深化了科学社会学研究。贝尔纳的关注重点放在如何有效地解决科学应用所引起的社会问题；默顿则将建构科学社会学理论的基础放在探索科学社会的内部结构上，目标是发展出科学社会学的一般性社会认知。另外，贝尔纳与默顿都对科学进步思想的作用都表现了极热忱的关注。贝尔纳的科学社会学思想中始终洋溢着深刻的人性与民主；默顿将其著名的"默顿规范"的提出前提认定为关注科学的社会运行规范即科学与民主问题的结果。无论是从学术发展还是从社会发展的总体趋势来看，贝尔纳与默顿的先见之明在科学的发展中都变得越来越重要。这两种不同的研究传统使人们对科学研究的发展进步问题形成了较多的认同。

### 3. 默顿学派对科学社会学理论的发展

默顿学派的主要干将是默顿在哥伦比亚大学培养的博士，

如朱克曼、科尔兄弟等，其研究者还包括巴伯、加斯顿、哈格斯特洛龙、斯托勒、本·戴维、齐曼等人。他们“持续地对这一领域做出了重要的贡献”。在研究方法上，默顿学派的研究者或遵从默顿研究范式，或将默顿范式与其他方法有机地结合，从科学领域存在的问题出发，在归纳总结的基础上深入开展理论分析，把科学界的基本规范应用于具体的科学问题的分析研究之中，从而解决了自然科学与人文社会科学的跨学科研究，较好地发挥了人文社会科学研究服务于现实问题的功用。在研究内容上，默顿学派从科学家个体特征的研究到科学家群体的研究，从科学的社会组织到科学的社会秩序，他们既开发了默顿思想体系中没构想到的研究资源，又进一步完善了默顿的理论体系内容，深化了默顿学派的思想内涵、研究范围与层次。使默顿学派成为可以同其它的科学的社会研究进行对话的重要力量。

(1)科学家群体研究

如果说默顿关于科学界的承认研究使我们对科学系统有了深刻认识的话，朱克曼对诺贝尔奖金获得者的群体研究，为我们更明确更具体地对现代科学界的评价和承认制度、奖励制度及其效能提供了一种观察线索。这个观察线索也在肯定诺贝尔奖在科学奖励制度所起作用的背后，提出了更多的问题。

哈丽特·朱克曼 1965 年毕业于哥伦比亚大学社会学系，导师是默顿，博士论文也是默顿指导的。毕业后她作为默顿的主要合作者留在哥伦比亚大学工作。朱克曼在证实默顿科学社会学研究方法的可行性方面起到了重要的作用，也在与默顿的共同研究中，为默顿科学社会学思想学科的完善做出了重要贡献。朱克曼是默顿科学社会学思想的忠诚追随者与合作研究者，是默顿学派后期的领袖人物。

诺贝尔奖获得者是科学群体中一小批具有最高成就的科

学家，他们形成了科学界的精英。《科学界的精英——美国的诺贝尔奖获得者》( Scientific Elite: Nobel Laureates in the United States )是一本集体传记，书中将诺贝尔奖金获得者作为一个集体来加以研究，也是把诺贝尔奖金本身作为标志、目的和制度来予以社会学分析的第一本著作。该书探讨了这些科学界精英在接受教育、参加工作和得到支持的过程；师徒关系对他们的影响；研究大部分获得者做出贡献的年龄和获得成功的机构；对获奖人在获得奖金后的矛盾心理和所得经验进行了分析。

朱克曼用两年的时间通过访问、谈话、调查，与美国的诺贝尔奖获得者就自身情况、工作情况，其中主要对他们在科研合作中的关系进行分析，发现获奖者比其他人显得更多地关心科学人才的训练和培养以及科学工作的组织情况。她在充分分析材料的基础上，从理论上开始研究科学界的分层现象、科学的文化结构以及对科学贡献予以评价的方式，讨论科学界分层制度与科学知识的发展之间的关联状况，以此来说明科学界分层制度在发展科学知识上所起的作用。

朱克曼的研究侧重于对科学界的集体研究与个人研究进行的调查，类似于历史学家现在所称的"人物志"。但是，她的研究并没有囿于默顿科学社会学着重规范与奖励系统的思想传统，尽管"人们可以觉察到他的影响贯穿全书"，①在方法上也没有仅仅限于社会学分析，而是在她所获得的大量第一手资料的基础上，以新材料提炼新问题，以新问题拓展新视野，研究涉及了当代某些政治理论和社会阶层研究，特别是对科学奖励制度的研究，包括了部分经济学理论和社会理论研究。她认为，"单从数量上或单从质量上分析，都不可能对问题提供任何近

① [美]H·朱克曼：《科学界的精英》，周叶谦、冯世刚译，第10页，北京：商务印书馆，1979。

似正确理解的东西”。[①]

(2)科学界的社会分层

科学社会学的一个重要部分是分析科学怎样影响社会。科学与社会之间的关系是互为因果的。科学共同体的社会结构和系统决定了科学行为的模式。科学的分层体系是研究科学社会学系统的重要出发点。

S·科尔和J·科尔兄弟合著的《科学界的社会分层》(Social Stratification in Science),书中为我们描写了一幅科学界动人的理想画卷:“一个人的地位、声望、工资及生活水平仅仅取决于他的工资业绩,而他个人的社会属性(例如年龄、种族、国籍、出身等等)对此完全没有影响。”[②]用默顿的学科术语来说,即科学是一个遵循普遍主义原则的社会体制,科学奖励在科学家之间的分配是基于他们在科学上的角色表现。《科学界的社会分层》一书因此而成为科学社会学的重要著作,它代表了默顿科学社会学在20世纪60年代的兴盛时期。

科尔兄弟是相隔两年毕业于哥伦比亚大学,同为默顿的博士。弟弟J·科尔毕业后留校工作,哥哥则是以其他学校的参与者的身份参与哥伦比亚大学的研究工作。科尔兄弟在默顿的指导下,运用社会分层与流动的研究方法,考察了科学界的社会分层问题,其中主要研究了科学家的社会分层的形成,深入分析了科学奖励系统的运行情况。他们声称“我们感兴趣的是科学内部的社会组织和它的运行”,[③]并且作为对老师的敬仰和感谢,他们把《科学界的社会分层》一书献给默顿。“他是科学社会学之父,而且肯定是这个领域中我们自己在这个方面的

---

① [美]H·朱克曼:《科学界的精英》,周叶谦、冯世刚译,第8页,北京:商务印书馆,1979。

②③ [美]J·科尔、S·科尔:《科学界的社会分层》,赵佳苓等译,第1页、16页,北京:华夏出版社,1989。

知识之父。如果我们没有站在默顿的相当坚实的基础上，本书肯定不能完成。”[1]作为默顿学派的中坚力量，他们的研究也被认为是对默顿科学社会学基本观点的支持。

科尔兄弟通过对美国大学物理学界的抽样调查，按照四个维度对大学的物理学群体进行了分层：年龄、所在系的级别、产出率和获得荣誉性奖励的数量。研究发现科学社会内部是一个高度分层的社会，处在其中的科学家在成果的产出率、知名度以及社会声望等方面都存在着极大的差异性。他们认为造成这种现象的原因是由于科学家在角色功能表现方面所显示出的差异性所导致的。科学家角色表现的核心问题是科学家发表的成果的质量，这是决定科学社会分层的重要因素。

科学奖励的主要依据是科学家成果的质量，在对科学成果的评价中可以有效地遵循科学的准则。以奖励制度与分层之间的关系而论，对角色表现的评价过程是产生分层的难题。科学的社会系统中基本上不存在对性别、种族和宗教信仰等非科学身份的歧视，因为科学共同体是体制化的，自主性程度较高。科尔兄弟是默顿科学社会学学派的成员，他们在思想理念上与默顿有着许多的一致性。他们认为，奖励系统的运转大都遵循着科学制度的价值观，[2]“科学体制结构的核心是一组基本的价值和规范，它们发挥确定与指导以及控制科学家之行为的作用”。[3]科尔兄弟的目的就是想检验科学奖励的运行是否是承认杰出的成就，而不管它是在何处被发现的。如果奖励系统的运行是承认杰出的成就，那么它就以一种普遍性的方式运行。科尔兄弟的结论认为，科学界产生分层的社会过程近似于一种基本的普遍主义原则运行，这是科学体制不同于其他社会体制的

①③　[美]J·科尔、S·科尔：《科学界的社会分层》，赵佳苓等译，第1页、73页，北京：华夏出版社，1989。

②　[美]默顿：《科学社会学》，鲁旭东、林聚任译，第13页，北京：商务印书馆，2003。

地方。或者，至少是物理学，以一种普遍性的方式运行。“普遍主义在科学界产生的各种不同的影响之中，奖励的分配可能就仅仅基于显示出来的能力。”[①]科学家在科学分层体系中的地位，对于他利用什么工作成果或他的工作成果被谁利用基本上没有什么影响；而在了解和熟悉同行研究成果的能力，即觉察能力方面只存在很小的差别，在这方面除了一部分名人较高外，其他人则大致相同。从根本上看，科学分层中起决定作用的是科学论文的质量而不是其他因素。马克斯·韦伯也认为，科学界的分层是建立在荣誉和声望基础上的一种等级制度。[②]随着对默顿规范研究的深入，科尔兄弟关于科学分层的观点已在某种程度上得到证实。

随着科学知识社会学中建构主义的日渐兴盛，科尔兄弟的观点也随之发生了改变。特别是S·科尔出版了《科学的制造——在自然界与社会之间》提出了实在论的建构主义的观点。有人认为，可以把这种变化看作是默顿学派发展的新动向。科尔兄弟自己也说：“科学社会学是一个正在成长的专业。”[③]在科学社会学中，关于科学体制的运行模式同整个国家的科学体制，乃至整个社会文化背景的关系，还是一个有待深入研究的课题。

(3)科学的社会组织

社会组织研究是科学社会学的研究重点。通过研究人们发现，科学共同体可以看作是由正式的社会组织和非正式的社会组织所组成，这些社会组织相互交织、相互作用，形成了十分

---

① [美]J·科尔、S·科尔：《科学界的社会分层》，赵佳苓等译，第76页，北京：华夏出版社，1989。

② [美]默顿：《科学社会学》，鲁旭东、林聚任译，第655页，北京：商务印书馆，2003。

③ [美]J·科尔：《科学的制造——在自然界与社会之间》，林建成译，第1页，上海人民出版社，2001。

复杂的社会结构。正式的社会组织主要是学科和专业，不同学科或专业有其自己的正式交流渠道。由于科学组织中的社会组织越来越庞大，因此也出现了形形色色的非正式群体。普赖斯将这种非正式群体称为"无形学院"，他本人也从事这项研究。克兰对无形学院的研究，揭示了高产科学家在科学共同体中的独特地位。她"用出版物的数量(姑且不考虑质量)作为科学产出率的测量指标，并且发现，一流大学中高产的科学家，比在较低层次的大学中有同样产出的科学家获得的承认更多"。[①]

黛安娜·克兰，1964年毕业于哥伦比亚大学。《无形学院——知识在科学共同体中的扩散》(Invisible Colleges: Diffusion of Knowledge in Science Communities)是她的成名作，也是科学社会学的基本著作。在这本书中，克兰把她自己关于学科中社会组织的研究与科学共同体学说、普赖斯关于科学知识增长的定量研究结合在一起，得出了一个科学知识增长的模式。她后来还撰写了《文化的生产》等著作。她曾任宾夕法尼亚大学社会学系和科学史与科学社会学系教授，还是一位科学政策专家，曾任经济合作与发展组织的咨询顾问，是国际社会学协会和美国社会学协会的成员。

科学知识增长的模式既是科学领域的研究对象，也是科学社会学领域研究的对象。只是研究的出发点不同而已。普赖斯对这个问题有自己的成熟观点。克兰认为，普赖斯所提出的学科发展的逻辑性曲线规律是正确的。她通过几方面的研究反复强化了这一规律。克兰把科学知识增长的模式划分为四个阶段：第一阶段，出现了具有创新意义的研究，亦即出现了新范式，并且开始吸引新的科学家，知识缓慢地增长；第二阶段，由于少数高产作者的努力，范式得到了承认，一个常规科学时

① [美]默顿：《科学社会学》，鲁旭东、林聚任译，第606页，北京：商务印书馆，2003。

期开始出现，同时他们吸引了大量科学家，形成合作者群体与无形学院，进而造成了知识呈现指数增长的局面；第三阶段，在大量问题得到解决的同时出现了反常，学科的社会组织出现了日益专门化的趋势，社会互动减弱，学科的“危机”时期出现了，知识的增长速度也下降了；第四阶段，学科最终衰落，可解决的问题耗尽，社会组织的成员减少。克兰的模式结合了库恩与普赖斯思想的精髓，她的这一研究非常具有启发意义。

克兰个案研究模式所解释的学科发展的诸方面是令人信服的。但是，如果推广到整个学科来看，其解释能力有待扩大。不过，对于我国的科学社会学研究来说，克兰的著作的最大贡献是为我们提供了她所采用的经验调查方法，这也是整个默顿科学社会学学派值得我们汲取的成功经验和方法。

(4)科学与社会秩序研究

科学界的社会控制问题是科学社会学的一个专门研究领域。默顿、哈格斯特龙等都对此进行过研究。科学与其他社会建制不同，科学的结构要随着功能的变化而变化。这种变化不仅要靠科学自身，还要靠科学所处的社会。尽管科学很难被规划，但科学家必须承担一定的社会责任，责任的承担者还包括科学家共同体。科学的社会责任体现在科学对社会的影响上，要保证科学的规划问题必须依赖一些机构。在缺乏完备的正式控制机构的情况下，科学的运行主要依靠的是非正式的控制机构。这些非正式的控制机构大致有三个方面：第一，科学家的社会化过程，即无论是作为一个科学家群体还是作为一个科学家个体，人们都不能以任何敏感直接的方式强求他们对宏大的科学研究的社会后果负责，不能把社会责任都推给科学家，社会成员中的每一位都有着不可推卸的责任。正像一位战争论学者所说的，战争太重要了，以至并不依赖军事。同样，科学及其后果太重要了，以至并不依赖科学家。第二，科学家的职业特点，即科学是一种专业自主体，“科学共同体的每个成员都是潜在的督察员”。第三，科学的奖励系统。科学家为了获得科学同行的承认，必须遵循科学共同体的规范，将其成果写出来加以发表，接受科学同行的评判。这几种科学控制机制的相互结合使科学内部保持一种稳定的秩序。[①]

巴伯从默顿所采用的科学的社会研究的方法出发，对处在一定社会关系中的科学进行研究，论证了默顿关于科学是一种社会建制的观点。从结构—功能论的角度提出了科学的社会控制问题，分析了科学的社会控制的前提与相关因素。在科学规范方面，提出了增加新颖性规范的要求。这些研究都是对默顿科学社会学理论研究的进一步深入。

巴伯不仅是默顿的学生，也是他的同事和好朋友，帕森斯是他们共同敬仰的老师。因此，从帕森斯所谓“模式变量”的分析以及默顿的相关研究出发，巴伯从社会系统的角度对科学进行研究，这种研究的目的也算是实现他的宏大研究项目的步骤之一。他首先研究了科学作为人类理性的活动在社会行动和社会系统中所体现的基本本质、功能和不断变化的特征，得出了处在社会中的科学与社会的互动关系。一方面，在特定场合和时间里科学活动之间存在着某种直接和特殊的关系；另一方面，在表明某种经过仔细定义的和分离的社会因素上也是如此。[②]这就是说，科学内部之间存在一定的相互作用，在科学与社会之间，特别是与其他的社会因素之间也存在着一定的相互作用，这种互动关系的存在为实施科学的社会控制提供了可能性。

巴伯对科学家的角色也进行了一定的探究。他认为，科学家的社会角色有三种不同的功能：发展概念体系、培训其他人来发展概念体系以及将概念体系用于现实的各种社会目标。[③]

①②③　[美]B·巴伯：《科学与社会秩序》，顾昕、郑斌祥等译，第 8～9 页、69 页、160 页，北京：三联书店，1991。

这三种功能的区分并不是完全的，它们很可能会混杂在一起，同时作用在一个科学组织中。例如，在美国社会中，大专院校、工业研究集团以及政府研究集团各自担负着不同的社会功能，但是同时这些组织之间又有紧密的相互依赖关系。不论是就职于哪种类型的科学组织中，科学家为了获得社会奖励、公共声望以及它们对工作的满意程度，都必须进行不懈的努力，他们的社会角色和社会中的其他角色一样都受到大范围的公众评价和自我评价。“无论种族、肤色和宗教信仰，人都可以成为一名科学家。而且，一旦一个人成了一名科学家，他就有权根据普遍主义的规范受到所有的科学家同行和所有的同辈市民的对待。”①

巴伯是默顿学派中的重要一员，虽然他本人不太愿意用裙带关系破坏他研究事业的独立性。② 但在对发明与发现的社会过程的考察中，巴伯提出应将新颖性作为对默顿科学规范内容的补充。他认为，任何发现与发明都要受到同行和社会的评价，如果缺乏新颖性，就无法通过这种评判。不过，不同意见者认为，新颖性与普遍主义规范之间有着某种关联，新颖性只是普遍主义的一种更细致要求，因此，新颖性是一条并非完全必要的规范。

## 二、默顿科学社会学思想的局限性

理论发展与前进的前提和基础，是对理论的学理性和局限

---

① [美]B·巴伯：《科学与社会秩序》，顾昕、郏斌祥等译，第76页，北京：三联书店，1991。

② [美]默顿：《科学社会学散忆》，鲁旭东译，北京：商务印书馆，2004。

性进行梳理和研究。默顿科学社会学理论提出以后，其学科地位已得以确立，社会影响也日渐扩大。在科学界、科技史界以及科学哲学界引起了极大的反响。在近半个世纪的时间里，默顿理论的几个重要观点在得到普遍传播的同时也受到了广泛的质疑和挑战。

作为一派之言，默顿的科学社会学思想是他从自己的认识视角出发寻求理解科学行为的一种方向，其思想结果必有其局限性；作为一种分析方法，由于学术背景更多地依赖社会学框架，社会学以研究现实社会为主要内容，学科的现实性特征决定了科学社会学的研究者对科学现象及社会现象的理解，是在特定的社会历史情境下做出的。因此，科学社会学就难免与各种其它学说产生冲突和矛盾。

默顿科学社会学理论建立于20世纪五六十年代，经历了20年左右的辉煌繁荣后，到七八十年代，其光环逐渐被兴起的SSK所淹没。默顿科学社会学理论范式的衰败成为学术界不争的事实。为什么会出现这种局面呢？默顿理论受到质疑的深层次原因会是什么呢？对此，可以从两个方面来理解：一方面，从现实社会发展的需要来看，科技进程的推进以及人文社会科学的发展为科学社会学的完善提供了广阔的发展空间，同时也对默顿的理论提出了更高的要求，学科发展面临的第一难题就是对产生这种理论的认识局限性的突破。另一方面，从学科发展脉络来看，科学社会学在完成了学科建构的任务之后，需要与时俱进，不断重建。所以，默顿科学社会学理论具有一定的社会历史局限性，是有时代制约的。

### 1. 大科学时代的来临

20世纪后期，科学技术的发展进入了一个全新的时代，我们称之为“大科学时代”，大科学时代的科学观发生了重要变化。

"大科学"一词,是由美国科学家普赖斯在其著作《小科学与大科学》一书中提出来的。他说:"现代科学不仅硬件如此璀璨,堪与埃及金字塔和欧洲大教堂相媲美,而且国家用于科学事业人力和物力的支出,也使科学骤然成为国民经济的主要环节。现代科学的巨大规模,面目一新,而且强大无比。它使人们不得不用'大科学'这一名词而美誉之。"①

大科学时代与小科学时代相比,有着明显不同的特点。

第一,大科学时代的科学观认为,科学活动的目的不仅是追求知识,更重要的是追求这些知识的应用与开发,是科技、经济与社会高度协同的时代。美国曼哈顿工程的成功实施,是大科学时代来临的重要标志。始于 1942 年的曼哈顿工程,参加研制的科技人员接近 15 万,耗资 20 亿美元,历时 3 年,制造出了第一批原子弹。1961 年,美国又开始着手进行阿波罗登月计划,规模要比前者更大,前后参加研制的有 200 家公司、120 所大学,经济耗费达 300 亿美元,终于在 1969 年实现了人类第一次登上月球的宏伟目标。可见,在大科学时代,任何一项研究的进行都是科技与社会高度协同的结果,都必须依靠强大的经济作后盾,许多科学行为的背后背负着一定的社会责任。科学研究贯穿着科学家们对于国家、社会乃至整个人类的责任意识,这也从另一个方面促使愈来愈多的人们对应该如何履行这种责任进行反思。

第二,科研方式具有综合性,科研活动的组织和管理都需要系统规划。

在小科学时代,科学如普赖斯所说是"英雄的历史"。而在大科学时代,研究课题的解决需要众多科学家的集体协作。随

① 赵红州:《大科学观》,第 1 页,北京:人民出版社,1988。

着科学技术的不断进步，每一研究课题的解决都需要其它领域专家的共同努力。在大型的科研活动中，需要全社会的人力资源和物质资源的相互配合，需要有明确的科技政策和特定的科技管理模式。如果遵循科学规范的话，也将是科学规范、技术规范与社会规范的统一与协调。例如，大型回旋加速器的研制、航天工程的开发等等，如果没有有组织的协调和管理，科技事业的发展就很难成功。

第三，科学的社会化与社会的科学化趋势明显。

科学与社会政治、经济等因素越来越多地联系在一起。"科学变得与上层建筑关系密切起来"。[①] 一些科学研究成果的评价，已不完全取决于科学共同体，有时还取决于社会。社会对其认可的态度有时甚至能够改变科学发展的方向。例如，在科学与社会政治的关系中，与自由研究相对应的是社会政治的干涉。科技活动是社会生活的一个领域，必然受到政治权力的制约和干涉。"作为经济等各种社会因素集中体现的政治，以极大的权力制约着包括科技在内的各种社会现象中的利益与权利"。[②] 所以，在大科学时代，科学家距离"自由研究"已越来越远了，科学与社会的相互作用导致了科学的社会化与社会的科学化逐步加深。

在这些时代特征面前，默顿的科学社会学理论需要应对来自多方面的挑战，需要考虑到科学现象发生与解决的宏观背景。

首先，从科学家自身来说，"科学家"这一职业已为社会所承认，职位的研究所得报酬成了他生活所需的物质资料的固定来源。在科学研究中，科学家作为社会中的人，不可能脱离社会，原来那种"独行侠"式的自由研究已经不太可能了，科学家

---

① 赵红州：《大科学观》，第 290 页，北京：人民出版社，1988。

② 徐治立：《科技政治空间的张力》，第 1 页，北京：中国社会科学出版社，2006。

不仅常常需要考虑其自身利益，还要考虑社会的利益，包括利益集团的利益。默顿规范中的无私利性实现的先决条件就越来越狭窄。其次，科学家与政府在选择规划研究课题时，需要考虑研究课题与社会政治、经济的关系，尤其是在当下，还必须考虑人口资源与环境的关系，而不只是考虑科学的内在价值问题。科学家在科学取向上已经很少根据默顿规范中的公有主义或无私利性来选择研究课题，还要考虑公众对科研课题的态度。社会对科研成果的承认也开始向多趋向迈进。另外，大科学时代的科学家为了研究工作的开展，对科研仪器的使用和集体协作的需要，使得他们必须隶属于某个研究组织，并遵守研究组织的章程或特殊的利益。与此同时，科研方法的多样化、研究设备的精良化和规模化增大了科学对社会的依赖，"这反过来导致了科学的集体化和工具化的社会过程"。[①]

### 2. 社会学解释的有限性

从学科视角来看，用纯粹的社会学视角、社会学研究方法去分析科学这样一个庞大的实践活动，这个科学活动现在还发展为一个具有浓郁社会化倾向的社会活动，默顿科学社会学的解释空间必具有限性。

默顿的科学社会学是把科学研究的主体、群体以及其科学研究活动作为一个整体来看待，是以社会学的研究方法去分析科学行为。默顿科学社会学理论的基本框架仍然是以社会学理论作为基础的。特别是默顿本人作为社会学及其研究方法中的结构功能主义者，他建构的科学社会学理论深深地打上了结构功能主义的烙印。

默顿理论的批评者同时对默顿学派倡导的研究方法，如引

---

① 邱仁宗：《科学技术伦理学的若干概念问题》，《自然辩证法研究》，1991(11)。

证分析、内容分析、集体传记研究等经验研究方法进行了攻击。他们认为默顿学派基于科学出版物和科学家日记的经验研究，只是一种触及科学知识输入和输出过程的表象研究，还没有对科学生产的微观过程作实地考察，是一种"黑箱方法"。如谢廷娜所批判的，应当发展一种"灰箱方法"，打开科学这只"潘朵拉盒子"，这实际上都是对默顿理论的否定。

随着科学社会学研究的深入，人们逐渐认识到，从体制的角度研究科学与社会的互动问题或者科学中的社会问题，还只是表层研究，其深层原因是科学知识与社会的互动。特别是在科学知识的形成、传播和评价过程中，科学内部的变化有没有关涉外部世界？社会因素究竟是怎样起作用的？只有透彻地分析了这一系列问题，才能从根本上理解科学与社会的互动关系，理解科学的社会本性，有效地解答科学技术引发的时代课题。因此，基于科学社会学的内在发展逻辑以及后实证主义、非理性主义、解构主义和反科学主义等思潮的推动，20 世纪 80 年代后，科学社会学研究出现了一个新的流派——科学知识社会学，并逐渐取代默顿学派成为科学社会学的主流。

另外还有一个不容置疑的局限性就是默顿个人知识背景和学术研究的局限。他所运用的概念语言和方法工具，定位科学行为的价值判断标准，都不自觉地是一种社会学式的。就笔者对默顿的研究而言，在深入研究他的理论之前，本人还想当然地以"跨学科的智慧"为论文的副标题想对默顿科学社会学思想进行概括。后经研究证实，默顿其实并没有进行跨学科研究，他只是应用性地以社会学为工具对科学制度进行了分析。

### 3. 科技与社会关系发展的多样化态势

20 世纪七八十年代后，经历过战争洗礼与沉思的世界虽然还笼罩在冷战的氛围下，但科学技术对社会的影响已既成事实。人们在欢欣鼓舞地看到科学技术成为推动社会发展的重要力量后，科技与社会之间的关系开始呈现多样化发展态势。

默顿科学社会学理论是20世纪五六十年代美国科技与社会关系相互作用的结果。随着现代科技在社会中发挥的巨大功能的影响，其产生的正负社会效果也空前膨胀。以现在的局势来看，当时对科学的社会影响认识并不全面。以国家态度为例，在科学的发展过程中，国家是随着科学技术在经济生产和战争中突出的作用，才开始认识到科学技术的重要价值，并对科学进行一定程度的规划、资助和奖励。科学技术的完全体制化是建立在科学技术实用论基础上的。英国的T·Wilkie曾说："在战后大部分时间里，英国把科学看作是社会进步的引擎，是工业创新和经济繁荣的驱动力，是征服疾病的主要途径，是改善人类状况的唯一的真正希望。"[①]事实上，不仅在战后如此，即使是知识经济时代，大多数国家都把科技的发展作为经济增长的重要手段，科技与社会得到了共同发展。

较之于默顿时代来说，默顿之后无论是社会历史的特征，还是科学的特征都发生了巨大的变化，科学社会学的新课题不断涌现，默顿用以解释科学家及科学共同体的社会运行理论的历史局限性就成为必然。科学社会学的经验性质主要体现在研究方法上，这就要求其研究必须在理论观点上，注意时代精神与哲学观点的升华。随着时代的发展，科学社会学研究必须开阔学科视域，重视新课题研究，结合科技与社会发展的多样化态势。

默顿科学社会学思想的局限性在一定程度上暴露了默顿理论的不完备性，而默顿规范存在的必要性以及方法上的科学性等，其实是整个与科学相关的学科存在的问题，并非默顿理

---

① Tom Wilkie, *British Science and Politics since 1945*, p2, Basil Blackwell Ltd, 1991.

论所独有,也是默顿理论所无法摆脱的。

近些年来,从科学社会学到科学知识社会学,从后现代主义到反科学主义思潮,众多学科都将研究视域锁定在科学技术问题上,各路人马都显示了对科学技术的研究的高度兴趣,取得了多方面的重要成果;但结论的功过与是非曲直则很难给予简单的评说。无论是哪种理论,都应当适时对科学的解释理论进行更新修正。换个说法,所有对科学实践的新形象的解释和按解释权对科学技术事业进行的分析,都受科学规范和科学技术的社会功能的支配。以权力问题为例,在默顿时代,科学的社会运行只寓于科技与社会的关系之间,侧重研究社会控制力的强化与弱化问题。① 国家也只是越来越活跃地参与确定科学研究的方向。而在默顿后的时代里,科学与社会之间的权力契约非常明显,两者都表现了强烈的主体意识。默顿之后的科学哲学的后现代转向中,权力利益问题的研究则非常突出。② 从表象看,这导致了科学的社会研究的基本理论,特别是关于科学与社会关系的本质理论陷于混乱,实际上,权力问题蕴含着深厚的社会根源。

笔者以为,科技哲学的学科性质是追求理解科学。科学社会学则把科学预设为一个社会子系统,研究科学建制内部的社会结构、社会关系、运行机制,应当说,这也是对科学的一种理解工作。在这一点上,科学社会学与科技哲学具有很大的学科相关性,而且很有特点,是一种有鲜活生命力的研究领域。要使当代的科学社会学理论走出困境,力求接近科学实际,必须正确地认识科学的社会本质,树立全面、辩证的关系思维方式,

---

① [美]B·巴伯:《科学与社会秩序》,顾昕、郏斌祥等译,第4页,北京:三联书店,1991。

② 蔡仲:《后现代相对主义与反科学思潮——科学、修饰与权力》,第75页,南京大学出版社,2004。

反对单极思维；要以科学的态度认识科学，必须坚持发展思维，在扎实经验的基础上，借鉴其他学科的相关成果，从其他学科中汲取营养，从发展出发去理解科学，理解科学的生产方式，理解科学的社会运行方式。

## 三、默顿学派后期研究的多向度流变

科学社会学内容的研究是一个随着社会和科学的发展不断变化的过程，默顿学派的成员在把握变化中的规律方面进行了当时时代条件下的理论完善工作，所得出的研究成果也是非常显著的。社会学分析是个与时俱进的演变过程，时间变量是个重要的影响因子。科学社会学的内容研究如此，研究领域也是如此。随着哲学社会科学研究的新思想、新浪潮的冲击，默顿学派后期的科学社会学的研究形成了许多新问题、新研究、新动向。

### 1. 研究问题的多样化

(1)性别问题

性别与科学之间的关系并非从一开始就落入了科学社会学研究领域。在默顿的科学社会学思想体系中几乎看不到这方面的论述段落和评价语言。虽然把性别问题带入"中心议事日程的动力，更多的是女权主义和女权主义学者日益强烈的影响力，而不是科学哲学、科学社会学或科学史内在的学科成就"，[①]但是，无可质疑的是，作为科学社会学研究全面发展的要

① ［美］贾撒诺夫等编：《科学技术论手册》，盛晓明等译，第21页，北京理工大学出版社，2004。

求，对科学中的性别问题研究仍然是有理论上的开拓意义的。性别研究要深入到科学领域中，深入到科学社会学领域，探讨科学群体中的性别差异和差异程度，分析造成性别不平等和性别歧视的原因，提出改变这种状况的理论解说，以及期望给性别关系带来一些变化的科学的社会结构的调整等。这不仅表现了研究领域的扩展，也是科学社会学研究的进步。它还可能会超越性别问题本身而指向科学制度，产生新主题和新领域，成为对科学机制形成重要影响的因素而重建新的科学社会学理论，这是科学社会学理论走向现实、走向实践的开始。

"评价歧视的存在是一个远比评价当初它的出现复杂得多的问题。"①S·科尔和J·科尔在《科学界的社会分层》用专章分析了美国科学界对妇女的歧视程度，主要分析了歧视态度对女科学家承认所产生的影响。他们考察的总体结论是，科学的分层体系基本上是普遍的和合理的，性别地位与科学承认、与任职机构的声望、与薪水方面的差距并没有损害科学奖励制度的准确运行。例如，通过比较男女科学家的产出率发现，"女科学家的产出率有很大的可变性"。②女性科学家的产出率可能多少取决于她的参考群体和她的动机，如果女科学家作比较的参考群体是其他的女科学家，或者是在更大的社会范围内的妇女，而不是整个科学共同体的话，她们的动力就要小一些，因此产量也要比男性小一些。性别因素在按照科学角色表现所得到的承认上，女科学家被歧视的程度还是轻微的；因为科学系统运行的规律也是有依据的。尽管性别对学术级别的确定有相当的影响，但这些影响是建立在诸如女性可能会在某一时间段会中断专业回归家庭，特别是带有学龄前子女和10岁以下孩子的妇女。一旦从作为科研人员来考虑她们的成就时，性别与

①② 赵红州：《大科学观》，第138页、156页，北京：人民出版社，1988。

承认之间的相关系数是很小的。

无论怎么分析,性别歧视毕竟是个客观存在的话题。J·科尔与朱克曼的研究发现,无论出于什么原因,在学术生涯的最初12年左右的时间内,女科技人员发表的论文比男性同行少30%,并且随着时间的推移,这种差距越拉越大。由于进入科学生涯最初的成功与否直接影响到科学家的声誉和日后的发展,形成"积累优势"或"积累劣势",从而形成科学家成果与奖励的相互强化和循环,这样就造成成功者愈加成功、失败者愈加失败的"马太效应",因此男女科学家在成果与声望方面的差异有扩大的趋势。

在这个问题的研究方面,J·科尔在长期的研究中作过具体的考察。他在考察声誉和科学家的工作质量的研究中还发现,产出率与男性相当的女科学家受到的奖励却小一些,也就是说科学产出的质与量跟女科学家的学术地位并不像男性那样强相关。在对随机抽样的2162名科学家的调查中,J·科尔要求被调查者写出过去10年中对他们各自的领域做出重要贡献的五名科学家,并依照他们的研究贡献的质量与知名度进行评价。这些科学家被划分为四种荣誉类型:德高望重型——即知名度高并受人重视;众所周知型——即知名度高而不受人重视;令人尊敬型——受人重视但知名度不高;默默无闻型——既不受人重视又不为人所知。调查结果发现,38%的男性和19%的女性被归在第一类型,13%的女性和8%的男性被归在第二类型,56%的女性和37%的男性被归于第三类型。由此可见,女科学家比男科学家更不受人重视、更不为人所知,也就是说,女性科技人员的声望和社会承认的程度不如男性高。这一因素反过来影响了女性科技人员自身的成就动机、竞争力和资源条件,从而最终影响了两性在科技领域的地位。

对科学的社会结构的分析,就是对科学内在包含的社会结构和关系进行社会学考察。科学界的性别问题以及造成这种性别差异、分化与不平等的原因不只是科学社会学研究中的论题,也要结合历史学、科学学、政治学等相关学科来共同研究。研究目的是找寻科学的社会结构中影响两性平等的阻力背后的文化根源。

性别研究在西方与后现代研究相联系后,问题便更加复杂。后现代赋予性别研究以一种社会文化性和哲学碎片化,到底"是性别出了问题,还是科学出了问题"?① 焦点肯定不在女性。科学中的性别问题一经提出便成为一个争论不休的命题,使得选择科学为职业的女性陷入一种尴尬的境地。最近这些年,社会建构论的兴起,又为性别与科学的文化建构提供了新的诠释,科学领域性别差异和分离的现象再度成为解释方式上获得突破的争议核心。

(2)边界研究

如果说对科学中的性别问题的研究使科学社会学与后现代思潮产生了某种意义的连接的话,科学的边界研究则在学术边缘上使默顿科学社会学与科学知识社会学连接起来。朱克曼认为,关于科学知识的社会学研究可以划分为两种不同的研究进路,一种是结构性的(structural),一种是建构性的(constructionist)。② 其中建构性的科学知识社会学(SSK)在最近这些年得到了巨大的发展。

科学技术中的大多数争论都是围绕个人和群体是否有权力从事和解释这些研究活动展开的,也就是说,都是关于边界的争论。在上世纪七八十年代,默顿科学社会学学派与科学知识社会学之间,就科学中的知识与社会因素问题有过广泛的争论。吉瑞恩(Thomas Gieryn)是默顿的学生,曾经为维护默顿

---

① 吴小英:《科学、文化与性别》,第51页,中国社会科学出版社,2000。

② 赵万里:《悲壮的辩护》,第133页,《中国图书商报》,2001—7—19。

学派的立场非常激烈地排斥建构论。但是，随着他对边界研究的深入，又成为默顿学派中最倾向建构论的一个成员。

吉瑞恩认为，科学、技术与社会是三个界限分明的领域。他用社会学解释了这三个领域，尤其是它们的边界，并解释了其含混性、异议性及其在日常社会中的实践意义。[①] 对于科学与非科学的边界问题，每个研究者都有自己的解决方案。吉瑞恩选择了三个例证来进行分析：波普尔、默顿与库恩。波普尔是划界问题的正式提出者，他在可证伪性中寻找答案。默顿则用科学的制度化性质来替代证伪。默顿科学社会学理论的目的是为科学确认一种社会和文化结构，从而推动知识的被确证和扩展。默顿的结构中，“一部分是方法论的……由四条带有情感色彩的规范组成”[②] 库恩与波普尔相去甚远，但他“在《科学革命的结构》提出的主张有两个难题，这两个难题均表明划界问题是全书的基调”。[③] 库恩指出，范式性共识的有无是用来辨别真正的科学的标准。

边界问题是个分析性问题，它以科学与非科学的划界为焦点。吉瑞恩用四个案例证明了科学家所划定的边界多半是混乱的。“霍布斯与波义耳之争佐证了垄断性文化权威的建立；达朗贝尔和狄德罗的《百科全书》展示了那种四科学边界的扩张得以合法化的企图；伯特的案例考察了对反常科学家的驱逐；对美国科学顾问的研究则证明科学家企图保全自己的自主性免遭政治外来者的入侵。”[④] 吉瑞恩的案例研究表明，边界从逻辑和时间上说都是不固定的，它们是由地方性的行动者划定的，是暂时的、情景化的。这为我们思考许多问题提供了新的视角，而且这种基本思想的延伸认为，科学的边界是社会约定的。随着结构论与建构论研究的深化，边界研究将变得更混乱

①②③④ ［美］贾撒诺夫等编：《科学技术论手册》，盛晓明等译，第 300 页、304 页、304 页、298 页，北京理工大学出版社，2004。

和富有争议，因为吉瑞恩认为，各文化领域（科学与非科学）之间的边界也是偶然性的建构物。[①] 吉瑞恩对边缘科学和科学划界问题的研究，已被认为是与科学知识社会学的学说相容了。也有人认为他“已明显皈依到科学知识社会学阵营”。

（3）科学家角色研究

在默顿学派后期的研究中，在学派外围还形成了一些辅助的研究力量，例如本－戴维对科学家角色的研究，为科学社会学学科的进一步发展和完善提供了重要的理论支持。

本－戴维是以色列希伯来大学的教授。因为他又供职于美国芝加哥大学，并且在美国的社会学期刊上发表了许多成果，有时候他又被列为美国社会学家。他的科学社会学观点与默顿科学社会学类似之处是，研究都不涉及科学知识的内容。因此，本－戴维路线也在大的研究路径上被归类为默顿传统。只是遗憾的是，他的英年早逝使他的学术研究无法长久延绵。本－戴维的研究得到了科学社会学界的肯定，斯托勒将他列为与默顿齐名的美国四大科学社会学研究路径之一。科学哲学家阿加西在他的专著中将本－戴维和默顿列为“当代最活跃的两位科学社会学家”。这些评价充分说明了本－戴维在科学社会学中的科学家角色研究和科学体制研究方面已成为无可争议的权威人物。他的学术地位的确立壮大了科学社会学的研究力量。

《科学家在社会中的角色》是本－戴维的重要著作，也是科学社会学专著。在书中本－戴维接受了默顿提出的科学的发展受文化和社会环境的制约的观点，但他使用了与默顿研究传统不同的方法。本－戴维在研究中没有囿于科学规范和科学奖励系统两大主题的范围，而是把它们放在历史的前后关系

---

① ［美］贾撒诺夫等编：《科学技术论手册》，盛晓明等译，第311页，北京理工大学出版社，2004。

中，视为变革的条件或结果。他以科学家角色的社会作用为经纬线，从古希腊、意大利、英国、法国、德国、美国等不同国家科学家的社会角色的产生、发展以及体制化的进程入手，引用了大量的科学史和社会学的资料，考察了西方的科学研究活动的历程，讨论了不同科学体制的科技政策的利弊，对科学活动的社会条件、科学活动组织的变革和扩散机制、研究资金的筹集、国家研究体制的运行、社会价值观的功能等问题，从历史的和比较的角度探讨了这些条件对科学活动的发展的影响，对科学活动在现代社会中的出现与传播进行了社会学方面的解释。

**2.研究方法的多向度**

在学术界，对科学技术的多向度研究早就开始了。研究所涉及的学科有哲学、社会学、历史学、传播学、管理学、统计学、人类学、经济学、法学等，最突出的有三门：历史学、哲学和社会学。国际上，在 Science and Technology Studies 主题下，哲学的、历史学的、社会学的等修饰词已经不时尚，它可以是传播学的、人类学的、法学的、经济学的等等。本文姑且将这个主题笼统地翻译为“科学的社会研究”或“科学的社会学研究”，这项以科学和技术为对象的研究，属于元层次的研究。这里“研究(Studies)”不同于科学家和工程师的对象性研究，中译文不便于译成“科学技术研究”，目前没有好的中文译名，有人翻译为“科学技术元勘”。这是一个开放的主题研究，成熟一部分就可以加进来一部分。如美国的康奈尔大学就设有 Science and Technology Studies 系，其研究方向包括科学哲学、科学史、知识社会学、科技社会史和政治史、生命伦理学、技术史、科学人类学、科学传播和普及、公共卫生政策、农业系统生态学、产业政策与创新经济学、美国医学社会史、工程的社会影响等等。

现代社会，科学是如此的强势，科学的社会研究的人物、学派、方法有许多。就人物而言，仅与默顿研究传统相关联的研究者就有许多，例如，斯托勒、格拉泽等，斯托勒即默顿的《科学社会学》著作的编者，他们都是研究科学共同体的行家里手。就学派而言，除了本文研究的默顿范式之外，还有贝尔纳范式。至于研究方法，更是多视角、多向度，为了实现对科学与社会关系实质的揭密，实现对科学行为的真正理解，研究方法的多样化是必经之举。

20世纪70年代以后，科学社会学所发生的重大变化说明，伴随着对局部概念与研究方法的批评，与科学相关的诸多学科的同源性变化诱发了研究的转向。在学科研究方面，从内在的、对历史与科技哲学感兴趣的亚学科，转向更为外在的、面向社会学的学科阐释；在学科内，理论层面的阐释增多；[①]研究流派则由社会功能主义走向了社会建构主义；科学的社会学研究走向了更广阔的科学人类学和文化人类学研究，科学社会学处在不断的发展中。

从知识社会学到科学社会学、科学知识社会学，科学的社会研究各流派的代表人物大都有较高的科学素养和十分宽广的学术背景，尤其具有各不相同的哲学渊源。如贝尔纳主要受马克思主义的影响，默顿学派主要受实证主义的影响，社会建构论者主要受库恩哲学、维特根斯坦后期哲学等流派的影响。由于知识背景的高度专业化和多元化，所以，他们在研究方法上常常采取很强硬的态度，研究结果具有很大的冲击力。例如社会建构论者关于“科学知识是磋商的产物”这一基本观点，就与一向坚持唯物主义反映论的中国科技哲学主流观点格格不入。对于这些挑战所带来的问题的省察和思考，无疑会起到深化科学社会学研究的作用。

---

① Stephen Cutcliffe, “Science, technology and Society: An Interdisciplinary Academic Field.” *National Forum* 69, 2: 22—25, 1989.

默顿学派后期科学社会学研究的多向度趋势表明，那些科学社会学未能解释的问题与方法，时常在社会科学的其它学科中涌现。正如波兰尼所说，“每当我们用一个新的意义形式丰富世界的时候，不可避免地要失却另一些意义形式”。[①]

## 四、SSK对默顿学派的批判

衡量一个学术流派的时代重要性一般有两个尺度：一是看述评他或他们工作的文献的数量；二是看他或他们的思想如何确定了其时代及以后学术讨论的方向。因此，从学术研究的一般发展图景来看，默顿的科学社会学思想具有重要的学术影响，且不说其默顿命题的争议不断，也不论其科学规范问题引发批判的多少，在科学的社会学研究方面，默顿的声望应该算得上是举足轻重的，默顿创建科学社会学之后，开创了科学与科学知识的社会学研究的先河。

默顿科学社会学思想是科学的社会研究中一个重要的派别。在20世纪的半个世纪里，美国的知识社会学很长时间都无法突破默顿已有的研究水平，由于默顿的积极工作，科学社会学学科从徘徊走向兴起、鼎盛。默顿之后的近几十年来，西方科学社会学的发展进程相当复杂，对科学的社会研究十分活跃，不同范式之间碰撞激烈，新思想不断出现。SSK是20世纪七八十年代后兴起的与科学社会学有很大相关性的新学科。SSK作为一门学科兴起的总体背景是20世纪大科学时代，当科学的影响力渗透到社会生活各个方面时，必然带来一些负面

---

① [英]M·波兰尼：《科学、信仰与社会》，王靖华译，第71页，南京大学出版社，2004。

影响。这为以反对科学权威为主要特征的SSK学派的发展提供了一个契机。这个学科以默顿学派为批评的靶子，批判默顿的科学社会学理论只研究了科学的体制性因素，并不是真正的科学社会学，真正的科学社会学还应当研究科学的内容——即科学知识，为有别于默顿的科学社会学，该学派自称之为科学知识社会学。目前，这个学科已在欧美各国取得了明显的支配地位，形成了三个主要流派，占据着科学的社会研究的话语主权。

**1. 打破默顿神话**

在对科学所进行的各种研究中，科学历来被置身政治力量、国家利益、民族荣光、同行关系以及新旧学说的批判与竞争中。特别是随着人类认识的发展，科学史、科学哲学、科学社会学对科学的研究可谓精彩纷呈、异常复杂，并且互不相让、尖刻犀利。其中，SSK对默顿科学社会学思想的批判也极其类似。

SSK对默顿理论的批判最初是想纠正默顿科学社会学中的理论盲点，认为默顿科学社会学的研究对象仅仅是一种制度性的、科学家性的科学社会学，并没有对科学的真正对象——科学知识本身进行研究，也就是说，是一种科学知识缺失的社会学研究，没有涉及科学思想的认识内容。因为默顿遵循的传统科学观认为，科学知识的内容是客观的，是由自然决定的，而不是社会活动或其它因素的产物。在广泛的社会文化研究与后现代社会思潮的推动下，SSK不仅按照自己的研究纲领解构着科学与科学知识，继尔对默顿科学规范的理论进行了各个击破的批判。在此之前，默顿的规范社会学被认为是对科学家的功能和方法的实际描述。但“社会建构论主义的研究认为，当社会的、政治的、经济的、文化的语境出现在科学语境中时，建造科学知识的过程必然要受到一种受范式约束，科学成果是语境式的与有条件的文化产品，并不是普遍的与无私利的理论与数据”。① SSK 认为默顿式的规范太容易地假定了经验方法具有无可争议的价值，②而他们工作的目的就是要破除以自然科学为标准进行社会学研究的神话地位。“我们希望能够抨击科学家在定义自然上的权威定义，我们绝对不会接受他们那高尚权力的地位，那就是说在什么是自然的和什么是社会的问题上，随着科学发展，必须重新分配传统的研究资源。”③不可否认，SSK 对默顿理论的批判具有一定的合理性，但是，SSK 在推动科学的社会研究的同时，也将这一研究推到了另一个极端，阻碍了对科学实践活动全面正确的理解。其中最主要的问题是：“社会建构主义的研究没有严肃认真地对待科学实践活动中客体的力量，也就是说，社会建构主义强调科学活动中的主体力量而无视客体力量。当然，社会建构主义是非常热衷于讨论作为科学知识的构成要素的客体力量，但它却始终坚持，客体力量要素同其他的科学知识构成要素一样，应该纳入人类力量这一特定领域来进行分析，是人类主体力量的一种体现。”④

### 2. 默顿学派与 SSK 之间

SSK 的研究是在打破默顿学派的传统社会学的基础上提出来的社会学理论，并且带有较隆重的哲学研究倾向。当然，这种批判也受到了默顿学派的抵制，其中以默顿的弟子 S·科尔犹为激烈。他们认为，SSK 虽声称要对科学知识进行社会学

---

①④ 蔡仲：《后现代相对主义与反科学思潮——科学、修饰与权力》，第 167 页、177 页，南京大学出版社，2004。

② Shapin, *Steven and Simon. Leviathan and Air-Pump: Hobbes, Boyle and the Experimental Life*, p342, Princeton University Press, 1985.

③ Callon, Michael and Latour, Bruno. “Don't Throw the Baby out with the Bath School! A Reply to Collins and Yearley”. In: *Science as Practice and Clture*, p364, edited by A. Pickering. University of Chicago Press, 1992.

解释，但在解释社会因素如何影响具体的科学知识时，却显得力度不足，他们仍然还停留在科学知识的外部徘徊。他们还指出，SSK 所导致的相对主义立场，实际上不仅未能解释科学知识本质，反而阻挡了社会学家们的视线，使社会学不能正确揭露科学知识的真实面目。

默顿学派与 SSK 之间的关系是既互相区别又互相联系，双方各持一种相互轻蔑的态度。SSK 认为默顿学派的科学社会学理论完全是为科学家辩护的，属于一种科学家的社会学，而不是关于科学知识本身的社会学。而默顿学派则批评 SSK 的做法是危险的，至少是“发疯”的，并且可能是“邪恶”的，因为它摧毁了最牢固的人类知识大厦，会导致一种反科学。两者孰是孰非很难在有限的篇幅里论证清楚，此处主要是从学术研究层面上，梳理他们之间的关联。

首先，在研究范围上，默顿科学社会学首开了科学的社会研究的新领域。可以说，正是由于有了默顿科学社会学研究的先锋工作，才推进了 SSK 对科学的深层理解和反思，默顿科学社会学与 SSK 在研究范围上有同一性。特别是随着科学的发展，随着人们科学认识的深化，学术界逐渐恢复了厘清科学与社会复杂关系的信心。默顿科学社会学为科学的社会研究注入了新的思维，它呼吁科学家、哲学家、历史学家、社会学家以及所有生活在科学时代的知识阶层，应当对习以为常的科学活动与科学知识进行再思考。

尽管默顿科学社会学与 SSK 在研究范围上有一定的同一性，但研究对象又是有区别。默顿科学社会学研究的对象是传统科学观指导下的科学，SSK 研究的对象则是相对主义前提下的科学知识，两者不同的哲学立场导致了 SSK 在研究上的哲学相关性大于社会学。SSK 的研究使人们认识到科学知识的基础不是唯一的，而是有着多种因素共同影响的多元互补的基础。就连巴伯也对其评价道："这些学者不仅对科学的社会组织，而且对科学的实质内容进行了详细的研究。这克服了我的工作上的不足。"[①]S·科尔这样评述："直到70年代，科学社会学家并不对科学思想的实际内容进行研究，因为他们相信这些认识内容是由自然界决定的，而不是社会过程和社会变量的产物。从70年代末80年代初开始，一批欧洲社会学家采取一种相对主义的认识论立场，对这种观念提出了挑战。最初他们称自己为'相对主义一建构主义者'，后来则更简单地自称为'社会建构论者'。他们的成员最初很少，但在大约10年左右的短暂时间内，这个群体逐步完全统治了科学社会学和所谓'科学社会研究'的跨学科领域。"[②]

其次，在研究方法上，由于科学社会学更多的是作为一门跨学科研究，为社会学家研究"社会问题"提供了广阔的空间。只不过默顿学派的研究者们主要兴趣都集中在社会学上，他们多出身社会学专业，科学只是他们应用和检验社会学理论的一个领域。而SSK队伍中则多出身科学家，主要研究兴趣是在科学上，多数情况下不大考虑一般的社会学问题。这种科学与哲学的交锋、研究方法上的社会学交叉性，使默顿的科学社会学与当下热闹的SSK，两者在方法上具有一定的关联性。他们都是应用社会科学研究方法对科学或科学知识进行的探讨，使人们能够对科学活动与科学知识的产生进行宏观或微观的经验研究，为社会科学在科学问题上的应用开辟了新的前景，对理解科学起到了重要的作用，不论在科学界还是在社会科学界都

---

① B. Barber, Some Pattems and Processes in the Development of a Scientific Sociology of Science. Segerstrale, Ullica(ed). *Beyond the Science War*. State University of New York, Abany, 2000.

② S. Cole, *Making Science*. Cambridge: Harvard University Press, p274, Voodoo Sociology, 1996.

产生了重要的意义。

不过，默顿科学社会学理论在研究方法上的实质是从结构出发分析功能，由结构解释功能，而很少去研究科学知识的内容及其与社会因素的关系。它只研究科学的宏观社会结构，而不研究科学知识产生的微观认识过程。SSK 的研究方法则具有多样性，即使是在其内部，在个案选择、研究方式、说明模式等方面都有很大的区别。例如，拉图尔和谢廷娜研究科学实验室情况的方法更像是一种人类学方法，谢廷娜把这种方法称为微观－倾向发生学方法。而马尔凯领导的约克小组则利用符号学、修辞学和文学批评的方式遵循一种文本－话语分析法。即使是对同一个研究论题，SSK 各派都是根据不同的场点进行研究，充分显示了他们在方法上的各自为阵。平心而论，本人以为在 SSK 的旗帜下，科学知识的社会学研究是一件很不容易的事，特别是要“设身处地”，在一些疑难的关键点上，既考虑科学的客观事实又兼顾科学家思维的相对性，这是个矛盾。

最后，在学术发展史上，尽管默顿学派与 SSK 有很多相通的地方，也有很多难以苟同的地方，双方此消彼长的争论也颇为激烈。从目前科学界对 SSK 的反应来看，虽然其观点看似很激进，但有些观点已经得到了一定的认可。SSK 对我们今天如何理性地看待科学是有很大的作用的，它有助于我们认识科学的本性是什么。但是，默顿科学社会学思想并没有因为受到建构论者的挑战而失去继续存在的价值，它迄今为止仍然是受到主流社会学承认和 STS 参照的思想和行动框架。“20 世纪 70 年代及以后的西方学者可谓英雄辈出、流派迭起，科学知识社会学完全算不上最重要，其中也没有一个人可以同比如库恩或默顿的声望相提并论。”[①]默顿对科学的社会学分析路径依然受

---

① 赵万里：《科学的社会建构——科学知识社会学的理论与实践》，第 293 页，天津人民出版社，2002。

到许多学者的效法。

本人认为，无论是默顿的科学社会学思想还是科学知识社会学的建构论观点，在学术上的主导地位的争论有时显得非常无谓。因为相对于科学的历史来说，科学的社会研究才刚刚开始；相对于社会的复杂性来说，科学的社会研究都只能从一个侧面阐明自己的研究观点。“科学技术中的争论不仅是科学与社会遭遇时的必然产物，甚至也是一种正常的结果。”[①]所有的关于科学的社会研究应该都只是研究的刚刚开始。

默顿科学社会学思想提出后，犹如一把利剑解剖了复杂的科学现象背后的结构脉络，在科学和社会科学领域中都产生了巨大的震动，它终将照亮探索科学活动规律、解释科学机制、科学共同体结构的曲径，从而使我们有可能通达科学“黑箱”之幽。

科学社会学的建立及其研究内容的扩展，使曾经处在象牙塔中的科学家认识到一个新的前景，即可以从社会角度研究科学的领域，研究科学共同体的运行规律。这一领域的研究向人们表明了，对于科学、科学的组织、价值系统和奖励系统以及科学发现的方法等，完全可以由社会科学家进行一种崭新的分析。

① [美]贾撒诺夫等编：《科学技术论手册》，盛晓明等译，第299页，北京理工大学出版社，2004。

# 结　语

## 超越默顿

本文立论所重，是描述默顿科学社会学思想的理论架构，陈述各个构造部件的大体内涵，揭示默顿派科学社会学理论的学术图景。但是，客观地说，无论是科学哲学、科学社会学还是科学知识社会学，他们的理论都不能完全地应用到科学知识产生的实际过程中去，科学知识的产生与生产过程是一项复杂工程，需要对许多相关问题进行深化研究。至于科学哲学、默顿科学社会学与 SSK 之间，特别是 SSK 的工作，它本身还是一个众说纷纭的地带，本文只是从默顿学派的影响角度有所提及，没有深论。相对于科学与社会的关系来说，无论是默顿的科学社会学思想还是 SSK 研究，各种学说应该采取宽容的态度去看待对方，应该依托更多的理论、方法的互补与融合，共同达到对科学与科学知识的认识，即立足各自的理论又超越各自的理论。

# 一、学科的开放性

科学社会学是一个开放的学科，它的开放性表现在，通过科学世界的社会学分析去思考、去建构广阔的科技与社会关系。这其中不仅有科技内部的社会关系处理，也有科技与外部社会关系的协调。本文基本上是将默顿科学社会学理论置于一个经典的位置上去认识的。默顿理论的成功，关键是默顿学派的学者们能够转换视角，把社会学成熟的分析方法引入到对科学问题的解析中，通过大量的数学计量法、结构分析法，研究科学家的构成、科学社会的分层及其获得承认时的特殊性。在不同的国家，默顿科学社会学理论会接受不同文化基质的审视，这样既有益于此学科的发展，有益于科学哲学、科学社会学乃至学术界的发展，也有益于科学的发展。

科学社会学是一个动态的体系，它的动态性在于科学、社会、文化与历史的动态性。无论是科学内部的小社会特征，还是科学外部的大社会关系，都组成了科学社会学研究的共同话题，社会与科学之间的互动本身就是一个存在着巨大问题的问题。默顿的科学社会学思想对我们认识科学世界固然有着很大的帮助，但如果我们针对日新月异的现代科学技术的认识依然固守默顿式的分析套路，那无疑是现代版的"刻舟求剑"！

默顿科学社会学思想作为一个较为成熟的范式，对科学进行的社会学研究为深刻理解科学内部的社会运行提供了一个成功的理论。默顿科学社会学的理论体系包括两个层面的内容，一是从宏观层面上讨论科学与社会的互动；二是从微观结构入手，对科学界内部进行社会学分析。其中后者是其主要特征。默顿科学社会学的研究单元是社会学家视域中的科学组织，默顿及其学派的研究形成了自成一体的理论体系，致力于科学制度的研究，对学科的研究范围、研究内容、特殊的研究方法等都给予了总结，形成理论形态的知识，成为学科建立的框架。其中默顿命题成为解释科学的起源，展现科学与宗教之间复杂关系的焦点所在。默顿规范的探讨说明培养科学家的精神气质，甚至对组织科学管理都是一个有益的纲领。但限于篇幅，论文只能对默顿及其学派的思想进行简要论述，主要目的在于点明默顿在构建科学社会学的学术空间、导引科学的社会研究之行进方面的重要作用，彰显的依然是默顿的学术影响。

也有一种观点认为，默顿的科学社会学理论建立在一个"理想"化的环境中，是一个理想类型。其实，持这种观点并不是着眼于默顿研究的时代，而是立于现今的状况，现今的科学组织具有默顿模式中的一些而不是全部特征，并不说明默顿模式的无效。现代反科学主义思潮虽然源于人们对科技伦理问题、技术与人性问题、生态环境问题的关注，其基本立场是重新发现人文主义以取代现代主义，但它的体系不是要完全取消科学技术的发展，而在于强调对科学发展进行有效的社会监控。因此，要想描绘出科学与社会关系的真实肖像，就必须把他们作为科学社会学研究中的各具特点的传统，一起描绘在科学的社会研究画布上，让他们成为人类认识图谱中的阶段性成果，成为有意义的主张。

## 二、社会学研究的有限性

默顿科学社会学研究的重要工具就是社会学分析方法的

应用。社会学在很大程度上已经成功地建立了一整套精练的理论和研究技术，不管一个社会或社会系统的独特性或科学活动的层次如何，社会学都可以卓有成效地应用于其中。但是，社会学方法如同社会学学科一样，还有它的不完备性。社会学分析所要提供给我们的是一种认识的导向，而不是社会和科学变化导向。默顿学派对社会学方法的完美应用既成就了默顿式研究纲领，也成为它无法摆脱的桎梏，显示了社会学研究有限的一面。

在第一章我们已经论述过社会认识是一个不断发展的过程。在社会科学研究方法的层面上，对知识与科学、科学知识的分析产生了蕴意复杂的局面。在传统哲学中，有关知识的理论，形成了知识论；有关科学的哲学思考，形成了科学哲学；对知识与科学的社会学研究，则形成了随哲学思潮不断发展的多元理解。未来知识与科学的研究形态中，主要是看科学发展在什么程度和在什么意义上突破现有的知识观与科学观。未来可能的知识及其形态，只能是未来科学研究发展的结果。如同恩格斯对思维科学研究所作的判断一样："我们时代的理论思维，都是一种历史的产物，它在不同的时代具有非常不同的形式，并同时具有非常不同的内容。因此，关于思维的科学，和其他各门科学一样，是一种历史的科学，关于人的思维的历史的科学。"[①]从这一点来说，对知识和科学的社会研究，将不再是一门门单一的学科与方法，而是几门学科的联合，是一门"超级学科"(super-discipline)，它融合了多门亚学科，科学及其研究方法的边界渗透，增加了学科的密度，形成了新的研究范式的扩张。

关于知识与科学的社会学研究，目前在学术界很活跃，知

① 恩格斯：《自然辩证法》，第45～46页，北京：人民出版社，1984。

识论与科学论则是这种活动的结果。鉴于知识、科学与科学知识是一种非常复杂的社会历史现象，用简单化和单一化的概念已经不能正确反映知识与科学的性质。以科学为例，无论是科学的哲学理解，还是科学的社会学分析，抑或科学知识的人类学想象、思想史综述，这些不同学科的研究充分说明了科学知识系统的多样性。它意味着在一种概念框架内部建立起一套规则和秩序的困难的加大，导致科学知识现代图景的复杂化，人类需要为确认自身的认识活动建立信心。科学的认识过程不再是与主体的能动性不相容的、冰冷冷的“纯客观性”了，而且重新成为人们审视的对象。现代科学不但是一种认识成果，而且是一种认识过程，是一种与经济、社会密切相联系的研究活动。为了寻求知识的统一，深入研究知识的体系功能，挖掘科学的社会本质，需要突破单一学科与研究之间存在的明显的鸿沟，建立一个意义研究的宏大网络。

## 三、社会研究方法的综合性

现代社会里，各种哲学思潮的统一和趋同性更为明显，科学的社会学研究作为跨学科的研究，在研究方法上，也必然集成各学科的研究方法。不同观点、不同派别的研究首先是其研究方法上的差别，例如，默顿范式与贝尔纳范式两者的差别在于对科学的社会功能的分析的定位不同。默顿受逻辑经验主义和内史主义的影响，认为科学的社会功能仅仅是由其结构引发的结果之一，由结构解释功能；而贝尔纳则受马克思历史主义和科学史外史主义的影响，认为科学的功能发挥的如何，将对社会的发展、科学本身的应用产生极大的影响，重视科学的社会功能的发挥是贝尔纳思想的全部精髓。至于近年来SSK研究的加入,则更加剧了这一跨学科研究的丰富性。不同学派、不同观点之间的交流与争论,成为跨学科研究中必不可少的催化剂。因此,走向多种研究方法综合,是当代科学研究综合化趋势的体现,与科学认识的综合化构成相关联,可以适应科学研究创新的需要。

默顿对科学领域的社会学分析和解构,最根本的思路是社会学方法的应用。但是,默顿之后风风火火的SSK研究,为我们全面认识科学、认识科学的局内局外情形提供了更广阔思维,同时也提示我们在研究默顿科学社会学思想上,还应当遵循社会科学领域中对象与方法一致的适应性原则,重视社会研究方法的动态发展。"社会学家和哲学家应当在一种统一的合理性范式下工作,目标一致,各尽其责。"[①]事实上,在关于科学技术的解释与研究上,问题与方法始终保持开放,迎接来自不同异端的挑战。究竟该如何正确评价这些问题与方法——这一直是社会科学研究的问题。

今天的社会历史条件已经有了极大的进步,但相对于科学的发展来说,科学的社会学研究还刚刚开始。科学作为一种精神生产,它的一个重要特征就是自由探索。在当今社会,发展科学技术已成为社会组织的核心原则,科学和科学家的社会角色、地位都发生着急剧变化,科学与社会的关系是那样错综复杂,需要进行多视角、多途径、多方法的自由探索。假以时日,科学社会学基本理论必然日趋成熟,形成十分明确的发展方向。此外,相对于社会的复杂性来说,科学社会的结构与规律在默顿的研究中方才露出冰山之一角,要明晰一门学科理论的不确定状况,还必须假以他途。如果将默顿范式纳入内容更广泛、意义更为重大的科学—社会整体研究之中,或许,科学社会

① 马雷:《合理性与"社会学转向"》,《江苏社会科学》,2004(1)。

学也将被更宏大的社会科学研究所综合。

总之,默顿科学社会学思想系统地展示了科学社会现象及其运行,在科学领域实现了社会学研究的目的。但是,科学是发展的,要使科学社会学在社会研究中产生正效应,任何对科学现象所进行的研究都必须立足科学,放眼科学。默顿站在学科前沿创建的科学社会学,使科学从神秘的学科殿堂进入大众的认识视野,为我们了解科学活动的方方面面,提供了有益的借鉴。无论是在内容层面,还是在研究方法层面,我们都应当树立立足默顿,超越默顿的胆识,综合创新,使科学社会学成为一门丰富深厚、富于时代性、具有学术内涵的学科。

# 参考文献

（按拼音排序）

## 中文参考文献

[英]艾伦・查尔默斯:《科学究竟是什么?》,邱仁忠译,石家庄:河北科学技术出版社,2002。

[波]兹纳涅茨基:《知识人的社会角色》,郑斌祥译,南京:译林出版社,2000。

[德]M・舍勒:《知识社会学问题》,艾彦译,北京:华夏出版社,1999。

[德]汉斯・波塞尔:《科学——什么是科学》,李文潮译,上海三联书店,2002。

[法]布尔迪厄:《科学的社会用途——写给社会场的临床社会学》,刘成富等译,南京大学出版社,2005。

[美]B・C・范・弗拉森:《科学的形象》,郑祥福译,上海译

文出版社,2005。

[美]华勒斯坦:《学科·知识·权力》,刘健芝译,北京:三联书店,1999。

[美]欧内斯特·内格尔:《科学的结构——科学说明的逻辑问题》,徐向东译,上海:译文出版社,2002,

[美]D·波普诺:《社会学(第十版)》,李强等译,北京:中国人民大学出版社,1999。

[美]G·伽莫夫:《从一到无穷大——科学中的事实和臆测》,暴永宁译,北京:科学出版社,2002。

[美]科恩:《科学中的革命》,鲁旭东译,北京:商务印书馆,1998。

[美]约瑟夫·劳斯:《知识与权力》,盛晓明等译,北京大学出版社,2004。

[英]怀特海:《科学与近代社会》,何钦译,北京:商务印书馆,1997。

[美]W·丹皮尔:《科学史及其与哲学和宗教的关系》,李珩译,北京:商务印书馆,2001。

[英]德兰狄:《社会科学——超越建构论和实在论》,张茂元译,长春:吉林人民出版社,2005。

[英]卡尔·皮尔逊:《科学的规范》,李醒民译,北京:华夏出版社,1999。

[美]B·巴伯:《科学与社会秩序》,顾昕、郏斌祥等译,北京:三联书店,1991,

[英]B·巴恩斯、D·布鲁尔、J·亨利:《科学知识:一种社会学的分析》,邢冬梅、蔡仲译,南京大学出版社,2004。

[英]B·巴恩斯:《局外人看科学》,鲁旭东译,北京:东方出版社,2001。

[英]B·巴恩斯:《科学知识与社会学理论》,鲁旭东译,北

京:东方出版社,2001。

[法]B·拉图尔、史蒂夫·伍尔:《实验室生活:科学事实的建构过程》,张伯霖、刁小英译,北京:东方出版社,2004。

[英]D·布鲁尔:《知识和社会意象》,艾彦译,北京:东方出版社,2001。

[美]D·克兰:《无形学院——知识在科学共同体的扩散》,刘珺珺、顾昕、王德禄等译,北京:华夏出版社,1988。

[美]H·朱克曼:《科学界的精英》,周叶谦、冯世刚译,北京:商务印书馆,1979。

[美]J·B·鲁尔:《社会科学理论及其发展进步》,郝名玮等译,沈阳:辽宁教育出版社,2004。

[英]J·D·贝尔纳:《科学的社会功能》,陈体芳译,北京:商务印书馆,1982。

[英]J·D·贝尔纳:《历史上的科学》,伍况甫译,北京:科学出版社,1981。

[美]J·加斯顿:《科学的社会运行——英美科学界的奖励系统》,顾昕等译,北京:光明日报出版社,1988。

[美]J·科尔、S·科尔:《科学界的社会分层》,赵佳苓、顾昕、黄绍林译,北京:华夏出版社,1989。

[英]J·齐曼:《可靠的知识》,赵振江译,北京:商务印书馆,2003。

[英]J·齐曼:《元科学导论》,刘珺珺等译,长沙:湖南人民出版社,1988。

[英]J·齐曼:《真科学——它是什么,它指什么》,曾国屏等译,上海科学技术出版社,2002。

[英]J·齐曼:《知识的力量——科学的社会范畴》,许立达等译,上海科学技术出版社,1985。

[美]J·萨顿:《科学的生命——文明史论集》,刘珺珺译,北

京:商务印书馆,1987。

[美]科塞:《社会冲突的功能》,孙立平译,北京:华夏出版社,1989。

[英]M·戈德史密斯、A·L·马凯:《科学的科学》,北京:科学出版社,1985。

[英]M·波兰尼:《科学、信仰与社会》,王靖华译,南京大学出版社,2004。

[英]M·马尔凯:《科学与知识社会学》,林聚任等译,北京:东方出版社,2001。

[英]M·马尔凯:《科学社会学理论与方法》,林聚任译,北京:商务印书馆,2006。

[美]R·K·默顿:《科学社会学》(上、下册),鲁旭东、林聚任译,北京:商务印书馆,2003。

[美]R·K·默顿:《科学社会学散忆》,鲁旭东译,北京:商务印书馆,2004。

[美]R·K·默顿:《论理论社会学》,何凡兴译,北京:华夏出版社,1990。

[美]R·K·默顿:《社会研究与社会政策》,林聚任等译,北京:三联书店,2001。

[美]R·K·默顿:《十七世纪英格兰的科学、技术与社会》,范岱年等译,北京:商务印书馆,2000。

[美]S·科尔:《科学的制造——在自然界与社会之间》,林建成译,上海人民出版社,2001。

[美]T·库恩:《必要的张力》,纪树立译,福州:福建人民出版社,1982。

[美]T·库恩:《科学革命的结构》,李宝恒、纪树立译,上海科学技术出版社,1980。

[美]哈格斯特龙:《科学共同体:为获得承认而竞争》,《科

学学译丛》,1989(3)。

[德]爱因斯坦:《爱因斯坦文集》,第一卷,北京:商务印书馆,1976。

[德]爱因斯坦:《爱因斯坦文集》,第三卷,北京:商务印书馆,1979。

[英]波兰尼:《个人知识》,许泽民译,贵阳:贵州人民出版社,2000。

蔡仲:《后现代相对主义与反科学思潮——科学、修饰与权力》,南京大学出版社,2004。

曹南燕:《论科学的"祛利性"》,《哲学研究》,2003(5)。

丁厚德:《中国科技运行论》,北京:清华大学出版社,2001。

[德]恩格斯:《自然辩证法》,北京:人民出版社,1984。

樊春良:《默顿科学社会学理论新探》,《自然辩证法通讯》,1994(5)。

[日]福武直主编:《国外社会学概况》,虞祖尧等译,北京大学出版社,1982。

甘会斌等:《默顿与波拉尼:科学社会学的研究纲领比较》,《科学学研究》,2001(3)。

顾海兵等:《中国院士制度存在的问题》,《北京观察》,2003(9)。

顾昕:《科学的社会结构和科学的社会运行机制》,《自然辩证法研究》,1988(2)。

[美]亨廷顿:《第三波——20世纪晚期民主化浪潮》,上海:三联书店,1998。

黄欣荣:《后学院科学及其社会规范》,《科学学研究》,2003 (10)。

金俊岐、胡杨等:《科学中的权威与权威的科学》,《河南师范大学学报》(哲社版),2000(4)。

[奥]卡林·诺尔一谢廷娜:《制造知识》,王善博译,北京:

东方出版社,2001。

李醒民:《爱因斯坦》,北京:商务印书馆,2005。

林德宏、肖玲:《科学认识思想史》,南京:江苏教育出版社,1995。

林聚任等:《默顿科学社会学思想发展的阶段特征》,《山东师大学报》(人文社会科学版),2001(2),

林聚任:《70年代后期以后默顿的科学社会学研究》,《国外社会科学》,1997(1)。

林聚任:《悼罗伯特·K·默顿》,《社会学研究》,2003(3),

林聚任:《关于科学社会学研究的本土化》,《自然辩证法通讯》,2000(3)。

林聚任:《清教主义与近代科学的制度化——默顿论题及其争论和意义》,《自然辩证法通讯》,1995(1)。

林聚任:《社会学经验研究与理论研究结合的策略和途径——默顿思想探微》,《山东大学学报》(哲社版),1997(4)。

刘彬等:《大科学时代对默顿规范的再认识》,《中国农业大学学报》(社会科学版),2002(4)。

刘程岩:《浅析科学社会学的价值转换》,《边疆经济与文化》,2004(5)。

刘珺珺:《科学社会学》,上海人民出版社,1990。

龙书芹:《论默顿的功能分析范式》,《广西社会科学》,2006(2)。

[美]罗伯特·卡尼格尔:《师从天才》,江载芬等译,上海科技教育出版社,2001。

[英]罗素:《宗教与科学》,徐奕春等译,北京:商务印书馆,1982。

《马克思恩格斯全集》,第20卷,北京:人民出版社,1979。

马来平:《科学发现优先权与科学奖励制度》,《齐鲁学刊》,2003(6)。

马来平:《科学社会学诞生的历史回顾》,《河北师范大学学报》(哲社版),2003(5)。

马来平:《另眼看默顿科学社会学》,《自然辩证法研究》,2005(10)。

马来平:《默顿科学规范再思考——重读默顿〈科学界的规范结构〉》,《理论学习》,2003(11)。

马来平:《默顿命题的理论贡献》,《自然辩证法研究》,2004(11)。

孟建伟:《从科学哲学到科学社会学》,《自然辩证法通讯》,1998(3),

欧阳锋:《无私的探索 公有的财富——默顿学术成就与生平》,《自然辩证法通讯》,2005(5)。

欧阳锋:《无私利性规范的内涵、合理性和适用范围》,《自然辩证法研究》,2004(6)。

[比]普里高津:《科学对我们是一种希望》,《自然辩证法研究》,1987(2)。

邱仁宗:《科学技术伦理学的若干概念问题》,《自然辩证法研究》,1991(11)。

邱仁宗编著:《科学方法和科学动力学》,上海:知识出版社,1984 。

盛华根:《论科学规范的层次结构》,《科学技术与辩证法》,2005(6)。

[德]叔本华:《作为意志和表象的世界》,北京:商务印书馆,1982。

孙启贵:《默顿规范的困境与出路》,《新东方》,2001(9)。

谭萍:《贝尔纳与默顿科学社会学研究纲领比较》,《理论月刊》,2006(5)。

万朝领:《科学中的社会控制机制——哈格斯特龙“交换理

论”述评》,《华南师范大学学报》(社科版),1988(2)。

王成海:《默顿职业兴趣的汇聚与转移理论述评》,《信阳农业高等专科学校学报》,2006(3)。

王大明:《大科学时代的小社会学——对默顿科学社会学理论的再思考》,《自然辩证法研究》,1994(8)。

王彦君、吴永忠等:《试析两种科学共同体理论的不可通约性》,《科学技术与辩证法》,2002(6)。

王英:《默顿知识社会学范式述评》,《广西社会科学》,2006(7)。

王英等:《成果奖励制的科研体制构想》,《科学学与科学技术管理》,2003(12)。

王英等:《从科学学、技术学到科学技术学》,《中国科技论坛》,2005(2)。

王英等:《现代科学的复杂性审视——齐曼科学社会学思想的新发展》,《自然辩证法研究》,2004(3)。

王志伟、徐琴:《科学奖励研究的默顿范式及其存在问题》,《自然辩证法研究》,2000(3)。

王志珍:《点击科研体制改革》,《光明日报》,2006—8—1。

威廉·费尔、丁·奥格本:《社会变迁——关于文化和先天的本质》,王晓毅等译,杭州:浙江人民出版社,1989。

文军:《默顿:站在巨人肩上的巨人》,《社会科学报》,2003(7)。

吴小英:《科学、文化与性别》,北京:中国社会科学出版社,2000。

吴忠:《默顿的博士论文:基本思想和基本方法评述》,《自然辩证法通讯》,1986(4)。

[美]希拉·贾撒诺夫等编:《科学技术论手册》,盛晓明等译,北京理工大学出版社,2004。

夏平:《理解默顿命题》,《山东科技大学学报》(社会科学版),2006(6)。

夏禹龙:《软科学》,上海:知识出版社,1982。

肖玲:《论科学认识价值的增值》,《自然辩证法研究》,2000(3)。

肖玲:《知识生产形态初探——兼论科学史论与科学认识论的结合》,《自然辩证法研究》,2003(2)。

谢鸿昆:《默顿科学社会学述评》,《唐山学院学报》,2004(3)。

徐大同:《现代西方政治思想》,北京:人民出版社,2003。

徐道稳:《科学与社会的互动》,《深圳大学学报》(人文社会科学版),1998(1)。

徐治立:《科技政治空间的张力》,北京:中国社会科学出版社,2006。

[英]亚·沃尔夫:《十六、十七世纪科学技术的哲学史》,周昌忠等译,北京:商务印书馆,1985。

阎明:《真正的知识超越国界——访当代社会学大师罗伯特·默顿》,《社会学研究》,1992(3)。

杨玉圣、张保生主编:《学术规范导论》,北京:高等教育出版社,2004。

杨振宁:《杨振宁文集》,上海:华东师范大学出版社,1998。

[日]野家启一:《 库恩范式》,毕小辉译,石家庄:河北教育出版社,2002。

[英]约翰·H·布鲁克:《科学与宗教》,苏贤贵译,上海:复旦大学出版社,2000。

[以]约瑟夫·本—戴维:《科学家在社会中的角色》,赵佳苓译,成都:四川人民出版社,1988。

张立升主编:《社会学家茶座》,济南:山东人民出版社,2003 。

赵红州:《大科学观》,北京:人民出版社,1988。

赵红州:《科学能力学引论》,北京:科学出版社,1984。

赵万里:《悲壮的辩护》,《中国图书商报》,2001—7—19。

赵万里:《科学的社会建构——科学知识社会学的理论与实践》,天津人民出版社,2002。

赵万里:《特殊群体》,天津:南开大学出版社,1998。

《中国工程院院士自述》,上海教育出版社,1998。

中国科协调查课题组编:《2001年中国公众科学素养调查报告》,科学普及出版社,2002。

中国社会科学外事局编:《美国人文社会科学现状与发展》,北京:社会科学文献出版社,2001。

周学政、曹南燕等:《默顿学派的形成及其对科学社会学的意义》,《科学学与科学技术管理》,2004(6)。

周学政:《"默顿规范"研究简述》,《山东科技大学学报》(社会科学版),2006(6)。

周学政:《科学与民主——默顿规范提出的社会背景之考察》,《自然辩证法研究》,2004(10)。

[美]朱丽·汤普森·克莱恩:《跨越边界——知识 学科 学科互涉》,姜智芹译,南京大学出版社,2005。

# 外文参考文献

Adler, Freda and William S. Laufer, eds. *The Legacy of Anomie Theory*. New Brunswick, NJ: Transaction Publishers, 1995.

Arimoto, Akira, *A Study of Merton's sociology of science: Formation and development of its paradigm*. Tokyo: Fukumura, 1987.

Borgatta, *Edgar F, ed. Encyclopedia of Sociology*. New York: Macmillan Publishing Company, 1992.

Campa, Riccardo, *Epistemological Dimensions of Robert Merton's Sociology*. Torun (Poland): Nicholas Copernicus University Press, 2001.

Carlo Mongardini & Simonetta Tabboni, *R. K. Merton and Contempoary Sociology*, Genoa: Acig, 1989.

Cohen, I. Bernard. *Puritanism and the Rise of Modern Science: The Merton Thesis*. New Brunswick: Rutgers University Press, 1990.

Coser, Lewis A. ed. *The Idea of Social Structure: Papers in Honor of Robert K. Merton*. New York: Harcourt Brace Jovanovich, 1975.

Crothers, Charles. *Robert K. Merton: A Key Sociologist*. London & New York: Tavistock Publications, 1987.

Feldhay, Rivka and Yehuda Elkana, eds. "After Merton": Protestant and Catholic Science in Seventeenth-Century

Europe. *Science in Context*, 1989.

George Ritzer, *Sociological Theory*. by McGw-Hill, 1996.

George Ritzer, *Modern Sociological Theory*. by McGw-Hill, 2004.

Gieryn, Thomas F. ed. *Science and Social Structure: A Festschrift for Robert K. Merton*. New York: The New York Academy of Sciences, 1980.

Gvoic, Ljubivoj. *Robert Merton's Functionalism: The Theoretical Conception and Fundamental Fields of Application*. Beograd: N. P. 1990.

Neil J. Smeler, ed. *Handbook of Sociology*, Newbury Park, Calif: Sage Pub, 1988.

Hill, Robert B. *Merton's Role Types and Paradigm of Deviance*. New York: Amo Press, 1969.

Hooykaas, R. *Religion and the Rise of Modern Science*. Edinburgh: Scottish Academic Press, 1972.

J. Ben-David, *Scientific Growth: Essays on the Social Organization and Ethos of Science*, ed. by Gad Freudenthal, Berkely: University of California Press, 1991.

Jon Clark, ed. *Jamess Coleman*, London: Washington. D. C. : Falmer Press, 1996.

John Ziman, "The Light of Knowledge: New Lamps for Old." The Fourth Aslib Annual Lecture. *Aslib Proceedings* (May 1970).

Jon Clark, *R · K · Merton: Consensus and Controversy*, New York & London: The Falmer Press, 1990.

Knoor-cetina Karin, Merton's Sociology of Science: The First and Last Sociology of Science? *Contemporary Sociology*,

1991(7).

Lewis A · Coser, *The idea of Social Structure*, New York: Harcourt Brace Jovanovich, 1975.

M. Mulkay, *sociology of science A Sociological Pilgrimage*, Blooming: Indiana University Press, 1991.

M. Mulkay, "Norms and Ideology in Science", *Social Science Information*, 1976, 15: 637—656.

Merton, ed. "Bureaucratic Structure and Personality" in *Social Theory and Social Structure*, 3rd New York: Free Press, 1958.

Mongardini, Carlo and Simonetta Tabboni, eds. *Merton and Contemporary Sociology*. New Brunswick: Transaction Publishers, 1998.

Passas, Nikos and Robert Agnew, eds. *The Future of Anomie Theory*. Boston: Northeastern University Press, 1997.

Passas, Nikos, *Merton's Theory of Anomie and Deviance: An Elaboration*. Edinburgh University, Ph. D. Dissertation, 1988.

Patel, Praven J. *Sociology of Robert K. Merton*. Ahmedebad: Gujarat University Press, 1976.

Piotr Sztompka, Houndmills, Basingstake, ed. *R. K. Merton: an intellectual profile*. Hampshire: Macmillan, 1986.

R. K. Merton, The Sociology of Science: An Episodic Memoir. In: R K Merton and J Gaston (eds.), *The sociology of science in Europe*. Cambridge: Southern Illinois University Press, 1997.

Piotr Sztompka, ed. *Robert K. Merton On Social Structure and Science, The Heritage of Sociology*. Chicago and London:

University of Chicago Press, 1996.

David L. Sills & R. K. Merton ed. *Social Science quotations: Who Said What. When and Where.* New Brunswick, N. J.: Transaction Publishers, c2000.

Stephen Cutcliffe. "Science, technology and Society: An Interdisciplinary Academic Field." *National Forum* 69, 2: 22—25, 1989.

Tom Wilkie, *British Science and Politics since 1945*, Basil Blackwell Ltd, 1991.

R. K. Merton, Yehuda Elkana, Joshua Lederberg, Arnold Thackray, Harriet Zuckerman ed. *Toward a Metric of Science: Thoughts Occasioned by the Advent of Science Indicators.* New York: John Wiley, 1978.

Elinor Barber, R. K. Merton ed. *The Travels and Adventures of Serendipity: A Study in Sociological Semantics and the Sociology of Science.* Bologna: II Mulino, 2002 (Italian)

**R K Merton Works:**

*Continuities in Social Research: Studies in the Scope and Method of "The American Soldier"* (edited with Paul F. Lazarsfeld). New York: The Free Press, 1950. [New York: Arno Press, 1974]

*Continuities in Structural Inquiry* (edited with Peter M. Blau). London: Sage Publications, 1981.

*Mass Persuasion* (with the assistance of Marjorie Fiske and Alberta Curtis) New York: Harper & Brothers, 1946. [Stamford CT: Greenwood Press, 1971; New York: Howard Fertig, Inc. 1971,

2002]

*On the Shoulders of Giants: A Shandean Postscript*. New York: The Free Press, 1965. [New York: Harcourt Brace Jovanovich, 1967; San Diego: Harcourt Brace Jovanovich, 1985; Chicago: U Chicago Press, 1993]

*On Theoretical Sociology: Five Essays, Old and New*. New York: The Free Press, 1967.

*Patterns of Social Life: Explorations in the Sociology of Housing* (with Patricia S. West and Marie Jahoda). New York: Columbia University Bureau of Applied Social Research. Two Volumes. Mimeographed, 1951.

*Qualitative and Quantitative Social Research: Papers in Honor of Paul F. Lazarsfeld* (edited with James S. Coleman and Peter H. Rossi). New York: The Free Press, 1979.

*Robert K. Merton On Social Structure and Science, The Heritage of Sociology* (edited and with an Introduction By Piotr Sztompka). Chicago and London: University of Chicago Press, 1996.

*Science, Technology and Society in Seventeenth Century England*. OSIRIS: Studies on the History and Philosophy of Science and on the History of Learning and Culture. Bruges, Belgium: St. Catherine Press, 1938. [New York: Harper & Row, 1980; New York: Howard Fertig, Inc. 1980, 2002]

*Social Research and the Practicing Professions*. Cambridge: Abt Books, 1982.

*Social Science Quotations: Who Said What, When, and Where* (with David L. Sills). International Encyclopedia of the Social Sciences, vol. 19. New York: MacMillan Publishing Company, 1990

[New Brunswick, NJ: Transaction Publications, 2000]

*Social Theory and Social Structure*. New York: The Free Press, 1949, 1957, 1968.

*Sociological Ambivalence*. New York The Free Press, 1976.

*Sociological Traditions from Generation to Generation: Glimpses of the American Experience* (edited with Matilda White Riley). Norwood, NJ: Ablex Publishing, 1980.

*Sociology Today: Problems and Prospects* (edited with Leonard Broom and Leonard S. Cottrell, Jr.). New York: Basic Books, 1959. [New York: Harper & Row, 1967]

*The Focused Interview*. (with Marjorie Fiske and Patricia L. Kendall). New York: The Free Press, 1956, 1990.

*The Freedom to Read: Perspective and Program* (with Richard McKeon and Walter Gellhorn). New York: R. R. Bowker Co. 1957.

*The Sociology of Science: An Episodic Memoir*. Carbondale: University of Southern Illinois Press, 1979.

*The Sociology of Science: Theoretical and Empirical Investigations*. Edited by Norman Storer. Chicago: University of Chicago Press, 1973.

*The Student-Physician: Introductory Studies in the Sociology of Medical Education* (edited with George G. Reader and Patricia L. Kendall). Cambridge, MA: Harvard University Press, 1957.

*The Travels and Adventures of Serendipity: A Study in Sociological Semantics and the Sociology of Science* (with Elinor Barber). Bologna: II Mulino, 2002 (Italian).

*Toward a Metric of Science: Thoughts Occasioned by the*

*Advent of Science Indicators* (edited with Yehuda Elkana, Joshua Lederberg, Arnold Thackray and Harriet Zuckerman). New York: John Wiley, 1978.

**R K Merton Articles:**

Recent French Sociology, *Social Forces* 12, 537—45, 1935.

The Unanticipated Consequences of Purposive Social Action. *American Sociological Review* 1, 894—904, 1936.

Social Time: A Methodological and Functional Analysis (with Pitirim A. Sorokin). *American Journal of Sociology* 42, 615—629, 1937.

Science and the Social Order. *Philosophy of Science* 5, 321—337, 1938

Social Structure and Anomie. *American Sociological Review* 3, 672—682, 1938.

Bureaucratic Structure and Personality. *Social Forces* 18, 560—568, 1940.

Intermarriage and the Social Structure: Fact and Theory. *Psychiatry* 4, 361—374, 1941.

A Note on Science and Democracy. *Journal of Legal and Political Sociology* 1, 115—126, 1942.

Role of the Intellectual in Public Bureaucracy. *Social Forces* 23, 405—415, 1945.

Sociology of Knowledge. In Georges Gurvitch and Wilbert E. Moore, eds. *Twentieth Century Sociology*. New York: Philosophical Library, 366—405, 1945.

Sociological Theory. *American Journal of Sociology* 50, 462—473, 1945.

The Focused Interview (with Patricia L. Kendall). *American Journal of Sociology* 51,541—557,1946.

The Bearing of Empirical Research Upon the Development of Sociological Theory. *American Sociological Review* 13,505—515,1948.

Discrimination and the American Creed. In R. M. Maclver, ed. *Discrimination and National Welfare*. New York: Harper & Brothers,99—126,1948.

Mass Communication,Popular Taste,and Organized Social Action (with Paul F. Lazarsfeld). In Lyman Bryson, ed. *Communication of Ideas*. New York: Harper & Brothers,95—118,1948.

The Self-Fulfilling Prophecy. *Antioch Review* (*Summer*), 193—210,1948.

Social Structure and Anomie: Revisions and Extensions. In Ruth N. Anshen, ed. *The Family: Its Functions and Destiny*. New York: Harper & Brothers,226—257,1949.

Patterns of Influence: A Study of Interpersonal Influence and Communications Behavior in a Local Community. In Paul F. Lazarsfeld and Frank Stanton, eds. *Communications Research*, 1948—49. New York: Harper & Brothers,180—219,1950.

Contributions to the Theory of Reference Group Behavior (with Alice Kitt Rossi). In Robert K. Merton and Paul F. Lazarsfeld, eds. *Continuities in Social Research*. New York: The Free Press,40—105,1950.

Friendship as a Social Process: A Substantive and Methodological Analysis (with Paul Lazarsfeld). In Morroe Berger, Theodore Abel, and Charles Page, eds. *Freedom and Control in Modern*

Society. New York: Van Nostrand, 18—66, 1954.

The Role-Set: Problems in Sociological Theory. *British Journal of Sociology* 8:106—120, 1957.

Priorities in Scientific Discovery: A Chapter in the Sociology of Science. *American Sociological Review* 22, 6, 635—659, 1957.

Notes on Problem-Finding in Sociology. In Robert K. Merton, Leonard Broom, and Leonard S. Cottrell, Jr. eds. *Sociology Today*. New York: Basic Books, ix-xxxiv, 1959.

Social Conformity, Deviation and Opportunity Structures. *American Sociological Review* 24, 2, 177—189, 1959.

Singletons and Multiples in Scientific Discovery. Proceedings of the *American Philosophical Society* 105, no. 5 (October), 470—486, 1961.

The Ambivalence of Scientists. Bulletin of the *Johns Hopkins Hospital* (112), 77—97, 1963.

Basic Research and Potentials of Relevance. *American Behavioral Scientist* 6, 86—90, 1963.

The Matthew Effect in Science: the Reward and Communication Systems of Science are Considered [with Harriet A. Zuckerman]. *Science* 199, 3810 (January 5), 55—63, 1968.

Patterns of Evaluation in Science: Institutionalization, Structure and Functions of the Referee System (with Harriet A. Zuckerman). *Minerva* 9, 1 (January), 66—100, 1971.

Insiders and Outsiders: A Chapter in the Sociology of Knowledge. *American Journal of Sociology* 77 (July): 9—47, 1972.

Age, Aging, and Age Structure in Science (with Harriet

A. Zuckerman). In Matilda W. Riley, Marilyn Johnson and Ann Foner, eds. *A Theory of Age Stratification*. Vol3. of Aging and Society. New York: Russell Sage Foundation, 292－356, 1972.

On Discipline Building: The Paradoxes of George Sarton (with Arnold Thackray). *ISIS* 63, 219, 473－495, 1972.

A Professional School for Training in Social Research (with Paul F. Lazarsfeld). In Paul F. Lazarsfeld, ed. *Qualitative Analysis*. Boston: Allyn and Bacon, 361－391, 1972.

Structural Analysis in Sociology. In Peter M. Blau, ed. *Approaches to the Study of Social Structure*. New York: The Free Press, 21－52, 1975.

On the Oral Transmission of Knowledge. *In Sociological Traditions from Generation to Generation: Glimpses of the American Experience* (edited with Matilda White Riley). Norwood, NJ: Ablex Publishing Corp. 1－35, 1980.

Alvin W. Gouldner: Genesis and Growth of a Friendship. *Theory and Society*, 11, 915－938, 1982.

Socially Expected Durations: A Case Study of Concept Formation in Sociology. In W. W. Powell And Richard Robbins, eds. *Conflict and Consensus: In Honor of Lewis A. Coser*, New York: Free Press, 262－283, 1984.

The Kelvin Dictum and Social Science: An Excursion into the History of an Idea (with David L. Sills And Stephen M. Stigler) *Journal of the History of the Behavioral Sciences*, 20, October, 319－331, 1984.

Basic Research and Its Potentials of Relevance. (revised) *The Mount Sinai Journal of Medicine*, 52, 679－684, 1985.

The Focussed Interview & Focus Groups: Continuities and Discontinuities. *Public Opinion Quarterly*, 51, 550—566, 1987.

Three Fragments from a Sociologist's Notebooks: Establishing the Phenomenon, Specified Ignorance and Strategic Research Materials. *Annual Review of Sociology*, 13, 1—28, 1987.

Reference Groups, Invisible Colleges and Deviant Behavior in Science. In H. J. O'Gorman ed. Surveying Social Life: *Papers in Honor of Herbert H. Hyman*. Middletown, CT: Wesleyan University Press, 174—189, 1988.

The Matthew Effect in Science, II: Cumulative Advantage and the Symbolism of Intellectual Property, *Isis*, 79, 606—623, 1988.

Unanticipated consequences and kindred sociological ideas: A personal gloss. In Carlo Mongardini And Simonetta Tabboni, eds. *L'Opera di Robert K. Merton e la sociologia contemporanea*. Genova: ECIG, 307—329, 1989.

STS; Foreshadowings of an Evolving Research Program in the Sociology of Science. In I. Bernard Cohen, ed. *Puritanism and the Rise of Modern Science: The Merton Thesis*. New Brunswick, NJ: Rutgers University Press, 334—371, 1990.

A Life of Learning: Charles Homer Haskins Lecture. *American Council of Learned Societies*. An Occasional Paper. No. 25, 1994.

Opportunity Structure: The Emergence, Diffusion, and Differentiation of a Sociological Concept, 19305 — 19505. *In Advances in Criminological Theory: The Legacy of Anomie Theory*, Volume 6. Freda Adler & William S. Laufer, editors.

New Brunswick, NJ: Transaction Publishers, 3—78, 1995.

The Thomas Theorem and The Matthew Effect. *Social Forces*. December, 74 (2): 379—424, 1995.

Teaching James Coleman. In Jon Clark, editor. *James S. Coleman*. London: Falmer Press 351—356, 1997.

De-Gendering 'Man of Science': The Genesis and Epicene Character of the Word Scientist. In Kai Erikson, ed. *Sociological Visions*. New Haven: Yale University Press, pp. 225—253, 1997.

Working with Lazarsfeld. In Jacques Lautman and Bernard-Pierre Lè cuyer, eds. *Paul Lazarsfeld* 1901—1976. *La Sociologie de Vienne à New York*. Paris: L'Harmattan, 1998.